Moderne Probleme der Physik

Hermann Sieveking

Alpha Editions

This edition published in 2022

ISBN : 9789356903982

Design and Setting By
Alpha Editions
www.alphaedis.com
Email - info@alphaedis.com

EINLEITUNG.

Der Vortragszyklus, den der Verfasser im Winter 1913 in Mannheim gehalten hat, erscheint auf Anregung älterer Kollegen hiermit im Druck. Der Mannheimer Bezirksverband des Vereins Deutscher Chemiker hegte den Wunsch, den in der Praxis stehenden Herren Gelegenheit zu geben, sich mit den neueren Errungenschaften der theoretischen Chemie und Physik vertraut zu machen. Speziell sollten die neueren Anschauungen über das Wesen der Elektrizität behandelt werden.

In fünf Vorträgen habe ich versucht, möglichst viele der modernen, im Mittelpunkt des Interesses stehenden Probleme zu behandeln. Natürlich konnte dies nicht stets in erschöpfender Form geschehen; häufig mußte ich mich auf das allerwichtigste beschränken. Bei der späteren Drucklegung konnte ich eine etwas erweiterte Behandlung ermöglichen; doch habe ich mich bemüht, mich streng an den Inhalt der Vorträge zu halten; lediglich die mathematischen Ableitungen, die im mündlichen Vortrag naturgemäß kürzer behandelt werden mußten, sind in der neuen Darstellung mehr zu ihrem Recht gekommen.

Die numerischen Werte sind auf dem Gebiete der Radioaktivität und der Elektronik ja immer noch einem Wechsel unterworfen, insofern die wiederholten Messungen immer bessere Ergebnisse zeitigen; ich habe mich bemüht, die letzten mir zugänglichen Werte wiederzugeben.

Bei dem Vortrag über das Relativitätsprinzip habe ich mich eng an eine Arbeit angelehnt, die ich gemeinschaftlich mit meinem Freund und Kollegen Oettinger in der Förster-Festnummer der Vereinigung der Freunde der Astronomie und Physik veröffentlicht habe; das letzte Kapitel habe ich schon früher gemeinsam mit meinem Kollegen Viefhaus in den Verhandlungen des Naturwissenschaftlichen Vereins zu Karlsruhe zum Gegenstand einer mehr berichtenden als kritischen Wiedergabe gemacht. So bin ich diesen beiden Herren für ihre Mithilfe zu Dank verpflichtet. Es ist sehr schwierig, eine gemeinsame Überschrift für so viele und teilweise recht heterogene Themata zu finden. Deshalb habe ich mich veranlaßt gesehen, auf eine klangvolle Titulatur zu verzichten und lasse das Büchlein unter dem Namen „Vorträge“ in die Welt gehen. Sollte es mir gelingen, den Mannheimer Herren eine angenehme Erinnerung an die Vortragsabende zu gewähren, so würde der Hauptzweck des Buches erfüllt sein. Ich danke ihnen auch an dieser Stelle für ihre Aufmerksamkeit und die Anregung zu den Vorträgen.

Karlsruhe, September 1913.

H. Sieveking.

INHALTSVERZEICHNIS.

Die Elektronentheorie.

Die Entdeckung der Strahlen elektrischer Kraft durch Hertz bedeutet den Sieg der Faraday-Maxwellschen Anschauungen vom Wesen der Elektrizität. Die Identität von Licht und Elektrizität, die Faradays Entdeckungen nahegelegt, die Maxwells scharfsinnige Ableitungen bis zu einem hohen Grade wahrscheinlich gemacht hatten, fand sich bestätigt durch den Nachweis, daß die elektromagnetischen Wellen sich nur durch Wellenlänge und Schwingungsdauer von den sichtbaren Lichtwellen unterscheiden, im übrigen aber den gleichen Gesetzen der Spiegelung, Brechung, Interferenz und Polarisation unterworfen sind. Wie Maxwell durch Rechnung aus seinen Grundgleichungen abgeleitet hatte, mußten sich die elektrischen Wellen mit einer endlichen Geschwindigkeit im Äther ausbreiten. Diese wurde von Hertz gemessen und zu 300 000 km pro Sekunde gefunden, also übereinstimmend mit der Ausbreitungsgeschwindigkeit des Lichtes im leeren Raume. Die Frage nach dem eigentlichen Wesen der Elektrizität wurde indes durch diese glänzende Entdeckung nicht endgültig gelöst. Ebenso wie die Wärme nannte man die Elektrizität eine Form der Energie, elektrische Körper erregten Spannungszustände im umgebenden Raume; doch was man sich unter Elektrizität vorstellen sollte, das blieb offen. Die energetische Auffassung vertrug sich schlecht mit der älteren, stofflichen Auffassung, die freilich schon einmal, nämlich in der Wärmelehre, vor ihr hatte weichen müssen. Doch war das nicht der einzige aufklärungsbedürftige Punkt. Schon bald nachdem die neue elektromagnetische Lichttheorie ihren Siegeszug angetreten, zeigten sich weitere Unvollkommenheiten. So war die Theorie nicht imstande, eine so fundamentale Erscheinung wie die Dispersion restlos zu erklären, und bei der Ausdehnung der Vorstellung vom elektrischen Feld auf bewegte Systeme zeigten sich Abweichungen zwischen Theorie und Experiment. Der Träger des elektrischen Feldes, der Äther, konnte die Bewegungen der Materie, die er durchdringt, entweder mitmachen oder, unabhängig davon, an seinem Orte verharren bei Bewegungen der Materie. Der Grundgedanke der Maxwellschen

Gleichungen ist der, daß bei einer zeitlichen Änderung eines elektrischen oder magnetischen Feldes in der Nähe sich ein magnetisches bzw. elektrisches Feld ausbildet, dessen Wirbel[1]) sich aus der Änderung des anderen Feldes und drei Konstanten, der Dielektrizitätskonstante, der Permeabilität und der Lichtgeschwindigkeit, berechnen läßt. Sind Leiter im Felde vorhanden, so tritt ein weiteres Glied für den Leitungsstrom zu dem ersten, das den Verschiebungsstrom darstellt. Treten endlich räumlich bewegte elektrische Ladungen hinzu, so ergeben sich Zusatzglieder, die man Röntgen- und Rowlandstrom nach ihren Entdeckern nennt. Die Ausdehnung auf bewegte Systeme indes ergab eine Unstimmigkeit in der Größe des zu erwartenden Induktionseffektes. Erst H. A. Lorentz gelang es, ein System der elektromagnetischen Grundgleichungen aufzustellen, das aller dieser Schwierigkeiten Herr wurde. Dabei wurden aber nicht nur die Gleichungen umgeformt, sondern es entstanden ganz neue Vorstellungen, die sich allmählich zu der Theorie verdichteten, die zurzeit die herrschende ist und den Namen „Elektronentheorie“ führt; sie bedeutet in gewisser Hinsicht eine Rückkehr zu viel älteren Anschauungen, zu Vorstellungen, die schon Weber gehabt hat. Nach Weber hängt die anziehende Kraft zwischen zwei Ladungen nicht nur von der Ruhegröße derselben ab, sondern in den von ihm entwickelten Gleichungen finden sich Beschleunigungen eingeführt, die von der Bewegung der elektrischen Teilchen gegeneinander herrühren. Die Anschauungen Webers waren indes nicht von Bestand gewesen. Seine Formeln waren zu kompliziert. So trat der richtige Gedanke vom Einfluß der bewegten Ladungen wieder zurück. Erst Helmholtz frischte ihn wieder auf. Aus den Vorgängen der Elektrolyse leitete er die Vor-

[1]) Wirbel oder „Curl“ ist eine Abkürzung für einen sechsgliedrigen Ausdruck. Hat das elektrische Kraftfeld E die drei Komponenten X, Y, Z, so ist der Wirbel

$$\left\{\frac{\partial Y}{\partial z}-\frac{\partial Z}{\partial y};\quad \frac{\partial Z}{\partial x}-\frac{\partial X}{\partial z};\quad \frac{\partial X}{\partial y}-\frac{\partial Y}{\partial x}\right\}.$$

Hat das Magnetfeld H die Komponenten L, M, N, so ist $4\pi A\frac{\partial L}{\partial t}$ proportional dem ersten Gliede, usf. $\frac{dH}{dt}$ proportional $\operatorname{curl} E$ faßt die drei Gleichungen in eine zusammen.

stellung von der atomistischen Natur der Elektrizität ab. Da stets die gleiche Menge Elektrizität an einer bestimmten Stoffmenge haftet, so ist es naheliegend, erstere genau wie letztere in elementare Portionen einzuteilen. Da die Menge Coulomb, die mit 1 ccm oder mit 1 Mol eines elektrolytisch entwickelten Gases durch den Elektrolyten wandert, bekannt ist, so genügt die Kenntnis der Anzahl Moleküle der betreffenden Einheit, um das auf 1 Molekül entfallende Elektrizitätsquantum zu berechnen. Freilich setzt diese Überlegung die Kenntnis der Loschmidtschen Zahl voraus. Wenn diese bekannt ist, kann auch das Verhältnis der elektrischen zur schweren Masse eines mit dem Elementarquantum behafteten Wasserstoffatoms berechnet werden. Es ergibt sich zu rund 10 000.

Die Untersuchungen über den Elektrizitätsdurchgang durch Gase boten neue Stützpunkte für die atomistische Auffassung. Besonders ist von Giese auf die Ähnlichkeit hingewiesen, die zwischen dem Vorgang der Stromleitung durch Gase und durch einen Elektrolyten besteht. Auch in Gasen erfolgt der Transport der Elektrizität durch Ionen. Den Namen „Elektronen" hat zuerst Stoney eingeführt.

Bestimmte Anschauungen vom Elektron formulierte H. A. Lorentz. Das Molekül und das Atom sind komplizierte Gebilde. Um den festen materiellen Kern gruppieren sich die beweglichen Elektronen, die nach dem Mittelpunkt mit einer Kraft hingezogen werden, die proportional mit dem Abstande zunimmt. Aus ihrer Ruhelage gebracht, vollführen sie Schwingungen, wobei ein bewegtes Elektron einen konvektiven elektrischen Strom darstellt. Ein solcher wird in einem Magnetfelde genau so beeinflußt wie der bekannte galvanische Strom. Unter der Voraussetzung, daß die sichtbaren Lichtschwingungen auf diese Bewegung der Elektronen zurückzuführen seien, folgte daraus, daß die Schwingungszahl im Magnetfelde eine andere sein müsse. Es ergab sich die von Zeeman experimentell bestätigte Erscheinung der Veränderung der Spektren im Magnetfelde. Die Berechnung des Massenverhältnisses (e/m) beim Zeemaneffekt ergab den Wert $1,7 \,.\, 10^7$, woraus folgt, daß die Masse m etwa 2000 mal kleiner ist als die des Wasserstoffatoms; bei ersterem war $e/m = 10\,000$. Wenn man für e den gleichen Wert annimmt, und die Berechtigung dazu ergibt sich aus der einheitlichen

Auffassung des elektrischen Atoms, so muß im zweiten Falle der Nenner des Bruches etwa 2000 mal kleiner sein als im ersten. Sehr wichtig ist die Tatsache, daß, wie aus dem Polarisationszustande geschlossen werden konnte, das Elektron beim Zeemaneffekt negative Elektrizität darstellte.

Besser ließen sich die Verhältnisse studieren, als die Gasentladungen genauer bekannt wurden. Die von Hittorf entdeckten Kathodenstrahlen erwiesen sich als ein Konvektivstrom rasch bewegter negativer Elektronen. Sie führten negative Ladung mit sich und wurden in diesem Sinne durch den Magneten abgelenkt. Auch hier ergab die Bestimmung von e/m wieder denselben Wert wie beim Zeemaneffekt. Freilich konnte Kaufmann nachweisen, daß dieser Ausdruck von der Geschwindigkeit abhängig ist, woraus sich folgern läßt, daß das, was wir bisher schwere Masse nannten, teilweise nur eine durch die Trägheit vorgetäuschte Erscheinung ist; daß neben der wirklichen Masse noch eine scheinbare Masse existiert.

Ein anderer Vorgang, bei dem freie negative Elektronen auftreten, ist der sogenannte lichtelektrische Effekt. Bestrahlt man eine blanke Metallscheibe mit Licht, so entsendet sie negative Elektronen, deren Eigenschaften völlig dieselben sind, wie die bisher besprochenen sie besitzen.

Den Schlußstein in dem Gebäude der Elektronentheorie lieferte die Entdeckung der radioaktiven Stoffe durch Henri Becquerel. Bei diesen werden ohne äußere Einflüsse dauernd Elektronen ausgesandt. Die Bestimmung der Konstanten ergab wieder die Identität mit den früheren. Die Feinheit der Strahlungsquelle ermöglichte eine genauere Nachprüfung der Kaufmannschen Messungen an den Kathodenstrahlen. Die Abhängigkeit von der Geschwindigkeit wurde nachgeprüft. Eine Entscheidung zwischen der Theorie von Abraham und der von H. A. Lorentz, die beide diese Abhängigkeit rechnerisch abgeleitet hatten, ließ sich indes einstweilen nicht erzielen.

Dies sei hier übrigens nur angedeutet, da wir uns auf die mathematische Seite der Theorie leider nicht einlassen können. Wir haben aber jetzt kurz den historischen Entwickelungsgang der Elektronentheorie beschrieben und wenden uns nun der eingehenden Besprechung alles dessen zu, was an ihr neu und wesentlich ist.

Fig. 1.

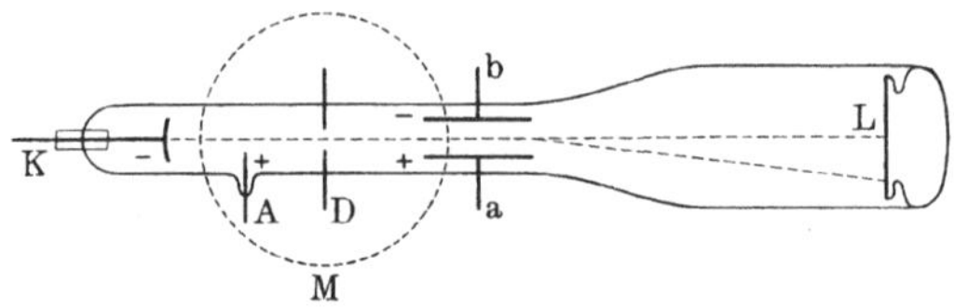

Wir greifen den Vorgang der Kathodenstrahlen heraus, weil dabei sich am leichtesten die fundamentalen Eigenschaften der Elektronen erkennen lassen. Die Erscheinung selbst besteht in folgendem: Ein Glasrohr, Fig. 1, in dem eine hohlspiegelförmige Aluminiumelektrode K und ein Platinstift A als andere Elektrode angebracht sind, werde so weit luftleer gepumpt, bis die Entladung eines Funkeninduktoriums farblos geworden ist. Bei einem Druck von etwa $0,002\,\text{mm}$ tritt eine Fluoreszenz des Glases auf, die besonders intensiv in der Nähe der Kathode, in unserem Falle der Aluminiumelektrode, ist. Man sieht im Dunkeln mit gut ausgeruhtem Auge, daß von der Kathode ein bläulich schimmernder Strahlenkegel ausgeht. Trifft dieser auf Glas oder auf einen Kristall oder auf ein Stückchen Leuchtschirm, so leuchten diese Substanzen hell auf. Nähert man einen Magneten, so biegt das Büschel aus; es krümmt sich, und zwar um so stärker, je stärker der Magnet und je näher man herankommt. Läßt man die Strahlen auf eine isoliert eingeführte Platte fallen, die mit einem Elektroskop verbunden ist, so findet man, daß sie eine negative Ladung mit sich führen. Läßt man endlich die Strahlen im Inneren der Röhre abgeblendet durch ein Diaphragma D zwischen zwei Platten hindurchtreten, die so angeordnet sind, wie es aus der Fig. 1 ersichtlich ist, so biegt sich die bisher gerade Bahn zu einer Parabel; die Folge ist, daß das Bündel nicht mehr auf die Mitte des Leuchtschirmes L fällt, sondern nach der Seite abgelenkt wird, die positiv geladen ist. Die negative Elektrizität wird von der positiven Platte angezogen, von der negativen aber abgestoßen. Wir stellen uns das bewegte elektrische Teilchen vor als ein Geschoß, das aus einem Gewehr abgefeuert wird und aus seiner geradlinigen Bahn durch einen seitlichen Wind abgelenkt wird. Diese Ablenkung wird um so größer sein, je stärker der Wind und je größer die Angriffsfläche. Diesen Größen entsprechen in unserem Beispiel die elektrische Feldstärke und die Ladung eines einzelnen Teilchens. Andererseits wird die Ablenkung um so kleiner sein, je größer die Masse m, d. h. die schwere Masse, deren Trägheit sich einer Änderung der Bahn widersetzt. Die Zeit der Einwirkung wird natürlich abhängen von der Geschwindigkeit, mit der das Teilchen durch die Röhre eilt. Die Abweichung ist proportional mit dem Quadrat dieser Zeit, genau wie beim Fall der Weg $= g/2 . t^2$ ist. Also erhalten wir als Maß für die Verschiebung des Lichtfleckes nach Erregung des elektrostatischen Feldes zwischen a und b einen Ausdruck der außer der Feldstärke und den Konstanten der Röhre die Größe $e/m \,.\, 1/v^2$ enthält. Nähern wir dem Bündel von Kathodenstrahlen jetzt einen Magneten, der in der Figur durch den punktierten Kreis angedeutet ist, so wird das geradlinige Büschel aus der Ebene herausgedreht und in einen Kreisbogen verwandelt, dessen Krümmung um so stärker ist, je stärker das Magnetfeld wirkt. Die Wirkung berechnet sich aus dem Produkt Feldstärke mal Stromstärke. Der auf ein Teilchen reduzierte Strom besteht aus dem Produkt $e \,.\, v$, denn e ist die Ladung eines Teilchens; besitzt es die Geschwindigkeit v, so ist $e . v$ die Menge Elektrizität, die in der Zeiteinheit passiert, mit anderen Worten die Stromstärke. Zurückgetrieben wird das Teilchen durch die Zentrifugalkraft. Letztere ist gleich $m \,.\, v^2/r$, wo r der Krümmungsradius ist. Ist die Feldstärke des Magneten $= H$, so ist also $H \,.\, e \,.\, v = m \,.\, v^2/r$.

Somit haben wir eine zweite Gleichung für die beiden unbekannten e/m und v. Aus diesen lassen sich beide berechnen. Man nennt die Methode der doppelten Ablenkung durch das Magnetfeld und das elektrostatische Feld die Methode der gekreuzten Spektren. Steigert man die Geschwindigkeit der Kathodenstrahlen durch immer höhere Spannung an den Elektroden, so zeigt sich eine Abnahme des Wertes für e/m. Dies wird gedeutet als verursacht durch eine mit höherer Geschwindigkeit zunehmende scheinbare Masse des Elektrons. Die Frage liegt nahe, wie sich die Elektronen, die wir bisher im Vakuum beobachteten, verhalten, wenn sie auf ein Hindernis stoßen. Beim Anprall verlieren sie ihre kinetische Energie, die sich in Wärme umsetzt. Wenn letztere gemessen wird, so kann man daraus die Energie der Kathodenstrahlen, und daraus ihre Geschwindigkeit berechnen. Ein Bruchteil der Strahlung wird verwandt, um eine neue Strahlung zu erzeugen, mit der wir uns später ausführlich beschäftigen wollen. Dünne Blättchen vermögen die Kathodenstrahlen zu durchdringen. Sie erleiden dabei einen Geschwindigkeitsverlust. Lenard ist es gelungen, ein Aluminiumfenster herzustellen, das so fein war, daß die Strahlen hindurchpassieren konnten, das aber gleichzeitig so fest war, daß es, durch ein Messingnetz versteift, den Luftdruck aushielt, wenn es die Vakuumröhre abschloß. Auf diese Weise gelang es, die Kathodenstrahlen im freien Luftraum zu beobachten. Dabei werden sie rasch völlig absorbiert. Sie dringen nur auf eine kleine Distanz und verlöschen dann. Soweit sie aber dringen, erregen sie die Luft zum Leuchten und machen sie elektrisch leitend. Wahrscheinlich sind die Nordlichter Kathodenstrahlungen, die von der Sonne ausgehen. Sie werden von der Atmosphäre der Erde, die ja um so dichter ist, je näher man an die Erde herankommt, absorbiert. Der Druck von etwa einigen Hundertsteln von Millimetern, unter dem die Luft noch durch die Strahlen zum Leuchten angeregt wird, ergibt nach der barometrischen Höhenformel eine gute Übereinstimmung zwischen der berechneten und der meist beobachteten Höhe. Die eigenartigen spiralenförmigen Draperien der Nordlichter kommen durch die Krümmung der Strahlen im erdmagnetischen Felde zustande.

In Luft von Atmosphärendruck besitzen die Elektronen eine Beweglichkeit, die ihnen gestattet, mit etwa 1 cm pro Sekunde zu wandern, wenn die treibende Kraft 1 Volt pro Zentimeter beträgt. Es gibt verschiedene originelle Methoden, die Ionen zu verfolgen. Wir müssen hier eine Zwischenbemerkung einfügen. Die freien Elektronen werden sich, wenn sie ein Gas unter normalem Druck durchwandern, sehr rasch mit einem Gasmolekül vereinigen. Eine solche Kombination nennt man ein Molion, oder auch kurz ein Ion. Die Beweglichkeit der Ionen ist sehr verschieden; es gibt sehr große komplexe Ionen, die aus einer großen Anzahl von Teilchen bestehen; solche sind z. B. die sogenannten Langevin-Ionen. Diese besitzen eine nur geringe Beweglichkeit. Die positiven Ionen sind immer schwerfälliger als die negativen. Es ist bisher noch nicht gelungen, das positive Ion zu spalten, so daß, wie beim negativen Elektron, eine freie positive Ladung auftritt. Entzieht man einem neutralen Molekül durch irgend ein Verfahren das negative Elektron, so bleibt der positiv geladene Rest zurück. Auch dieser kann unter dem Einfluß elektrischer Kräfte eine große Geschwindigkeit annehmen.

Fig. 2.

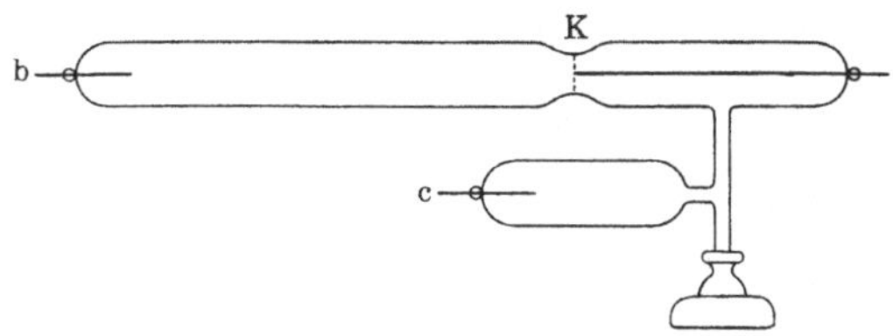

Einen solchen Strom rasch bewegter positiver Ionen haben wir in den Kanalstrahlen anzunehmen, die von Goldstein entdeckt sind. Sie sind besonders von Wien untersucht worden. Man erzeugt sie am einfachsten in einer Vakuumröhre von der Form, die Fig. 2 wiedergibt. Die negative Elektrode K ist durchlöchert. Die einzelnen Löcher oder Kanäle, hinter denen sich die Strahlung zeigt, boten den Anlaß zu der Benennung Kanalstrahlen, b und c sind Anoden. Bestimmt man bei ihnen das Verhältnis e/m, so findet man, daß es erstens viel kleiner ist als bei den negativen Elektronen oder Kathodenstrahlen. Bei gleicher elektrischer Ladung ist nämlich die materielle Masse, die den Nenner des Bruches bildet, mindestens 1800 mal so groß, und zwar in dem Fall, daß wir es mit Kanalstrahlen zu tun haben, die in Wasserstoff erzeugt werden. Im allgemeinen erweist sich der Wert von e/m bei diesen Strahlen als von derselben Größenordnung wie bei den elektrolytischen Atomen. Endlich sei noch eine sehr interessante Eigenschaft der Kanalstrahlen erwähnt. Sie zeigen, wie Stark gefunden hat, den sogenannten Dopplereffekt, d. h. die Spektrallinien des von ihnen erzeugten Lichtes verschieben sich nach der Seite größerer Frequenz, wenn die Strahlen in der Richtung der Achse beobachtet werden. In der Akustik und in der Optik ist der Dopplereffekt ein wichtiges Kriterium für den oszillatorischen Charakter einer Bewegung. Der Ton einer Pfeife erscheint dem Ohre höher, wenn sich die Pfeife dem Beobachter rasch nähert, tiefer dagegen, wenn sich Tonquelle und Ohr voneinander entfernen. Es treffen entweder mehr oder weniger Schwingungen auf das Empfangsorgan. Aus der Zunahme der Frequenz kann man auf die Geschwindigkeit der Annäherung einen Schluß ziehen. Das gleiche gilt für die Lichtschwingungen. So läßt sich die relative Bewegung einiger Sterne zur Erde aus der Verschiebung der Spektrallinien ableiten. Beobachtet man die Kanalstrahlen senkrecht zur Achse des Rohres, so bleibt der Effekt aus. Die Messung der Geschwindigkeit der Kanalstrahlen bei verschiedenen Spannungen wird auf diese Art sehr erleichtert. Wir erinnern daran, daß die Geschwindigkeit der Kathodenstrahlen aus den oben entwickelten Gleichungen sich indirekt ergibt. Eine direkte Bestimmung ist schwierig, doch ist sie nicht unausführbar. Wiechert hat eine sehr originelle Methode ersonnen, die darauf beruht, daß man um das Entladungsrohr zwei Magnetspulen in variablem Abstand legt und durch diese eine elektrische Wechselstromschwingung schickt. Dadurch werden die Strahlen abgelenkt. Der Einfluß der beiden Spulen kann sich nun entweder verstärken oder schwächen, je nachdem die Zeit, die die Strahlen zum Durchlaufen des Rohres brauchen, mit der Zeit in Einklang ist, in der sich die Schwingung von der einen Spule zur anderen fortpflanzt. Die Schwingung des Wechselstromes, deren Fortbewegungsgeschwindigkeit bekannt ist, dient hier als sehr rasch gehende Uhr, ähnlich wie das rasch rotierende Rad bei der Bestimmung der Lichtgeschwindigkeit nach Fizeau.

Die Beweglichkeit der Ionen in gewöhnlicher Luft ist wesentlich geringer und daher leichter zu bestimmen. Man kann sie z. B. in der Art messen, daß man einen Luftstrom ihnen entgegensendet und aus dessen Schnelligkeit man die der mitgerissenen Ionen bestimmt. Oder man setzt der Platte P (in Fig. 3), von der die Ionen ausgehen, in bestimmtem Abstand eine andere durchlöcherte Platte M gegenüber, die man mittels Wechselstrom abwechselnd positiv und negativ lädt. Die Dauer des Vorzeichenwechsels ist leicht zu bestimmen. Erfolgt dieser so rasch, daß die Ionen an der Platte das gleiche Vorzeichen antreffen, so werden sie zurückgeworfen und eine Aufladung eines Elektrometers, das mit der bestrahlten Platte verbunden ist, unterbleibt. Die Aufladung ist eine Folge der Ausschleuderung negativer Ionen. Man braucht jetzt nur den Abstand so zu variieren, daß dies eintritt, so kann man mit der

Fig. 3.

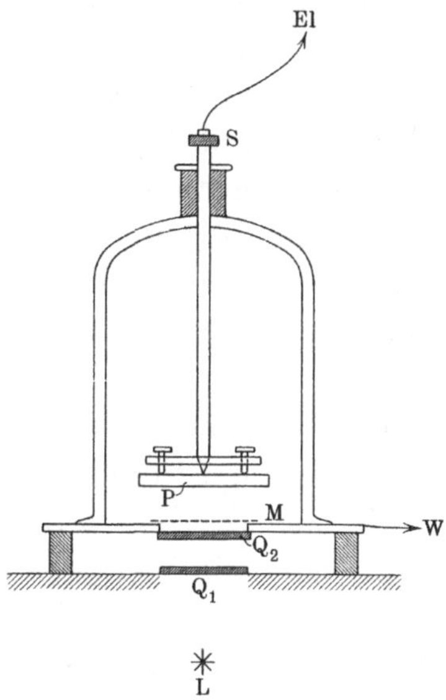

als rasch laufenden Uhr arbeitenden Wechselstrommaschine die Beweglichkeit der Ionen bestimmen. Die Figur gibt die Anordnung wieder, die sich nach dem Gesagten von selbst erklärt. Q_1 und Q_2 sind Quarzfenster, L ist die Lichtquelle; die isolierte Schraube S variiert den Abstand zwischen Platte und Netz.

Es erübrigt, noch einige Worte über die von den Ionen mitgeführten Ladungen zu sagen. Da das Verhältnis e/m bekannt ist und feststeht, daß m beim negativen Elektron rund 1800 mal kleiner ist als das Wasserstoffatom, so ließe sich aus der Kenntnis der Masse des letzteren die Größe m und damit auch e einzeln berechnen. Allerdings setzt diese Ableitung die Kenntnis der Atomkonstanten voraus. Wenn es auch neben der Berechnung aus der kinetischen Gastheorie eine große Anzahl anderer Bestimmungsmöglichkeiten dafür gibt, so haftet doch dieser Zahl immer noch etwas Hypothetisches an. Es ist darum eine sehr fundamentale Frage, die Größe e direkt zu messen und umgekehrt aus ihr und dem Werte von e/m die Größe m zu bestimmen. Dies ist zuerst J. J. Thomson gelungen. Die Bestimmung des Elementarquantums durch J. J. Thomson geht aus von folgenden Überlegungen: Frei von begleitender Materie sind die Elektronen nur im Vakuumrohr. In gewöhnlicher Luft verbinden sie sich mit den Gasmolekülen. Besonders besteht eine Verwandtschaft zwischen ihnen und dem in gewöhnlicher Luft stets vorhandenen Wasserdampf. Ist Luft übersättigt mit Wasserdampf, so kann man eine Kondensation erzwingen, wenn man in der Luft positive oder negative Ionen erzeugt. An diesen setzen sich wie an Staubteilchen die Wassertröpfchen an. Die negativen Ionen werden bevorzugt. Zur Kondensation an ihnen genügt eine geringere Übersättigung als zum gleichen Vorgang an den positiven Kernen. Die Übersättigung wird durch eine adiabatische Ausdehnung und damit verbundene Abkühlung erzeugt, die Kernbildung durch Röntgenstrahlen, die die benachbarte Luft ionisieren, oder durch eine radioaktive Substanz. An jedem Elektron kristallisiert ein Tröpfchen aus. Es kommt nun darauf an, diese zu zählen und die auf jedes Tröpfchen entfallende Ladung aus der Zahl der Tröpfchen und der Gesamtladung zu berechnen. Dazu benutzt man das Stokessche Gesetz, nach welchem die Fallgeschwindigkeit eines Wassertröpfchens in Luft das Gewicht abzuleiten gestattet. $K = 6\pi r \mu v$. Hierin ist K die Kraft der Schwere, r der Radius, μ die innere Reibung, v die Geschwindigkeit. Die Fallgeschwindigkeit wird beeinflußt durch die innere Reibung der tragenden Luft und durch die Größe eines fallenden Tropfens. Je kleiner und leichter ein einzelnes Tröpfchen, um so besser schwebt es, um so langsamer fällt es. Die Fallgeschwindigkeit der kondensierten Wolke wird mit dem Mikroskop gemessen. Gewicht und Größe eines einzelnen Tröpfchens lassen sich somit leicht finden. Die gesamte Wassermenge kann entweder mit der Wage gemessen oder aus der Abkühlung und Ausdehnung berechnet werden. Die gesamte Ladung bestimmt man in der Art, daß man durch ein angelegtes elektrisches Feld die Wolke an eine Platte heranzieht und dort ihre Ladung an ein Elektrometer abgeben läßt. So erhielt Thomson zum ersten Male einen direkten Wert für das Elementarquantum, der zwar noch nicht sehr gut, aber doch in der Größenordnung sehr gut mit dem zu erwartenden Werte übereinstimmte. Seitdem sind die Messungen sehr vervollkommnet. Sie sind für die Elektronentheorie von grundlegender Bedeutung. Die Annahme der Theorie und ihre Hauptstütze ist ja die Existenz eines solchen kleinsten Wertes der Elektrizität; kleinere Werte sind unzulässig, denn ihr Nachweis würde ein Stoß ins Herz der Theorie bedeuten. Die Versuche von Ehrenhaft ergaben die Existenz kleinerer Quanta, als das Elementarquantum betrug; sie sind aber nicht bestätigt worden. Vielmehr hat Millikan eine Reihe sehr sorgfältiger Arbeiten darüber ausgeführt und gefunden, daß wohl ganzzahlige Vielfache sich zeigen, aber niemals ein kleinerer Wert. Die Versuche von Millikan verdienen eine genauere Besprechung. Wir gehen aus von dem bekannten Versuch, den man elektrischen Puppentanz nennt; kleine Holundermarkkügelchen, Papierschnitzel und andere leichte Gegenstände liegen auf einer Platte. Nähert man einen geriebenen Hartgummistab, so fliegen die Teilchen in die Höhe, fallen wieder herunter usf. Genau so benehmen sich die Ionen im elektrischen Felde zwischen zwei geladenen Platten. Millikan konstruiert ein kleines Kästchen aus den Platten; durch ein Loch im Deckel, das sich dann verschließen läßt, fallen die durch Zerstäubung erzeugten Ionen ins Innere hinein. Die Ionisierung erfolgt durch Bestrahlung mit Röntgenlicht. Die Bewegung wird mikroskopisch unter intensiver seitlicher Beleuchtung beobachtet. Dies hat den Vorzug, daß nicht, wie bei Thomson, eine ganze Wolke beobachtet wird, sondern ein einziges Teilchen. Das Gesetz von Stokes liefert auch hier die Beziehung zwischen Größe und Fallgeschwindigkeit. Doch tritt eine Kraft hinzu, die gegen die Kraft der Schwere ein Teilchen in der Schwebe hält, nämlich die statische Anziehung der geladenen Platten. So kann es geschehen, daß ein Partikelchen stehen bleibt, ja sogar umkehrt, dann wieder stehen bleibt, eine Strecke fällt usf. Man sucht sich ein Beobachtungsobjekt heraus und verfolgt es genau. Aus der Geschwindigkeit und der treibenden Kraft des Feldes läßt sich die elektrische Ladung berechnen. Es ergab sich, daß die Ladung stets gleich dem Elementarquantum, oder gleich einem ganzen Vielfachen davon war, aber niemals kleiner. Der Millikansche Wert beansprucht große Genauigkeit. Er beträgt $4,77.10^{-10}$ ESE (elektrostatische Einheiten). Wir können aus ihm einen Wert für die Avogadrosche Zahl, d. h. die Anzahl von Molekeln im Mol ableiten. Wir gehen vom zweiten Faradayschen Gesetz aus, nach welchem die Gleichung $N.e = 96540$ Coulomb gilt. Eine elektrostatische Einheit ist bekanntlich

$= 1/3 . 10^9$ Coulomb. Also ist das Elementarquantum gleich $1,59 . 10^{-19}$ Coulomb, und $N = 6,1 . 10^{23}$; dieser Wert beansprucht große Genauigkeit. Der Wert, den Planck für e gefunden hat, beträgt $4,65 . 10^{-10}$. Seine Ableitung erfolgt aus den Strahlungsgesetzen. Die verschiedenen Methoden der Bestimmung der Zahl N (es gibt deren über 20) werden wir im dritten Vortrag genauer besprechen.

Nachdem wir nun die Konstanten der Elektronen, d. h. die Größe der Ladung, die Beweglichkeit, das Verhältnis e/m genau kennen gelernt haben, wollen wir uns die Frage vorlegen, wie weit die neue Theorie ältere Anschauungen verändert oder umstößt; ferner wie sich bekannte Tatsachen im Lichte der neuen Theorie ausnehmen. Wir müssen uns dabei natürlich auf einige spezielle Fragen beschränken. Die Elektrizitätsleitung in festen Leitern erster Klasse erscheint im Lichte der Elektronentheorie als ein Vorgang, bei dem der vorher angenommene etwas unklare Begriff des elektrischen Stromes ersetzt wird durch die Leitungselektronen, die in großer Zahl durch den Leiter fließen und jede entstehende Spannung, sei sie thermoelektrischer oder sonstiger Natur, alsbald ausgleichen. Vor allen hat Drude die Elektronentheorie der Metalle entwickelt und aus derselben das Gesetz von Wiedemann und Frantz, d. h. die Beziehung zwischen den Leitfähigkeiten für Wärme und für den elektrischen Strom abgeleitet. Auch der Halleffekt und der Peltiersche Versuch lassen eine ungezwungene Erklärung durch die Elektronentheorie zu. Die elektrolytischen Vorgänge stellen sich in der neuen Auffassung sehr klar und ungezwungen dar, was kein Wunder ist, insofern ja deren Grundvorstellungen, wie oben erörtert, aus dieser Domäne stammen. Am schwierigsten dürfte die Erklärung des elektromagnetischen Feldes sein. Man kommt hier, wenn man eine einigermaßen anschauliche Darstellung wünscht, nicht ohne den Äther aus. In diesem stellen die Elektronen singuläre Punkte dar, aus denen die Kraftlinien heraustreten, oder in denen sie endigen. Der Äther ist in letzter Linie das, was übrig bleibt, wenn man aus irgend einem Gebiet alles Materielle entfernt hat. Man definiert ihn demnach gewissermaßen als etwas Geometrisches, man könnte auch sagen eine Art von Koordinatensystem, das unseren Erfahrungen nach stets in Ruhe ist. Daß alle Versuche eine Bewegung des Äthers, die durch Bewegung der Materie hervorgebracht wird, nachzuweisen ohne Erfolg waren, wollen wir später ausführlich behandeln. Die Materie kann nach der neuen Auffassung niemals von der elektrischen Ladung unabhängig sein, insofern ihre einzelnen Teilchen aufeinander durch Vermittelung des Äthers wirken. Der Äther oder das Vakuum wird von der Materie beeinflußt, die wieder ihrerseits vom Äther beeinflußt wird. So können wir sagen, daß keine Materie ohne elektrische Ladung zu denken ist. Nach Mie, der diese Betrachtungen wohl bis in ihre weitesten Konsequenzen durchgedacht hat, entstehen im Äther infolge des Auftretens der Knotenstellen andere besondere Kraftäußerungen, die er als Kohäsionsdrucke bezeichnet. Letztere haben voraussichtlich einen Zusammenhang mit der Gravitation, jener noch recht wenig erforschten Naturkraft. Wir können hier nur durch Rechnung Klarheit schaffen. Der erste Grund ist von Mie in seiner umfassenden Theorie der Materie gelegt. Wenn unser Anschauungsvermögen uns bei solchen Betrachtungen im Stiche läßt, so ist das kein Grund, sie zu verwerfen. Wir können von diesen schwierigen Problemen nicht verlangen, daß wir sie restlos verstehen, wobei unter Verstehen an ein Zurückführen auf bekannte Vorgänge, also die Konstruktion vertrauter Bilder, gedacht ist. Die Theorie des bewegten Elektrons ist von Abraham, von H. A. Lorentz und endlich von Einstein ausgearbeitet worden. Die Maxwellschen Gleichungen sind dadurch ihrer Gültigkeit nicht beraubt worden. Das Feld des Elektrons entspricht auch weiterhin durchaus den Maxwellschen Vorstellungen. Es liegt nicht im Rahmen unserer Vorträge, diese theoretischen Arbeiten, so grundlegend sie auch sind, zu behandeln. Die Elektrodynamik bewegter Systeme wird in einem späteren Vortrag behandelt werden, soweit dies erforderlich ist, um die Grundlagen der Relativitätstheorie zu verstehen. Wir wenden uns jetzt der Frage zu, wie die Elektronentheorie Probleme der Physik in ein neues Licht gesetzt hat. Hier ist als erstes das uralte Problem des erdelektrischen Feldes zu nennen. Mit ihm sind so viele grundlegende Fragen verknüpft, die besonders jetzt durch die aufstrebende Luftschiffahrt an Aktualität gewinnen, daß eine eingehende Behandlung angebracht erscheint.

Nach Chwolson existierten bis vor kurzem 35 Theorien, die sich mit der Ladung der Erde und der Atmosphäre, sowie mit den Ausgleichserscheinungen beschäftigen. Es ist jetzt nicht mehr schwer, sie fast alle auszuscheiden und auf Grund der Elektronentheorie sich plausible Vorstellungen vom Zustandekommen der atmosphärischen Raumladung zu machen. Wir betrachten den Erdkörper mit seiner Gashülle als ein selbständiges System; die von der Erde ausgehenden Kraftlinien endigen in der Atmosphäre, wir nehmen keinen elektrischen Zusammenhang zwischen der Erde und anderen Himmelskörpern an. Ausgenommen ist natürlich dabei der elektrische Energieaustausch, der auf der Strahlung beruht, die Frage ist vielmehr so gestellt, ob eine Unabhängigkeit der Erde in der Weise bestehe, daß stets gleich viel positive und negative Elektrizität vorhanden sei, oder ob das System als ganzes eine Ladung besitze, so daß die Kraftlinien sich bis zu anderen Himmelskörpern erstrecken. Wir halten an der ersteren Ansicht fest, die auf William Thomson zurückgeht. Es läßt sich experimentell nachweisen, daß stets, auch bei gutem Wetter, ja bei wolkenlosem Himmel ein elektrisches Gefälle vorhanden ist zwischen zwei Punkten verschiedener Höhe in

Fig. 4.

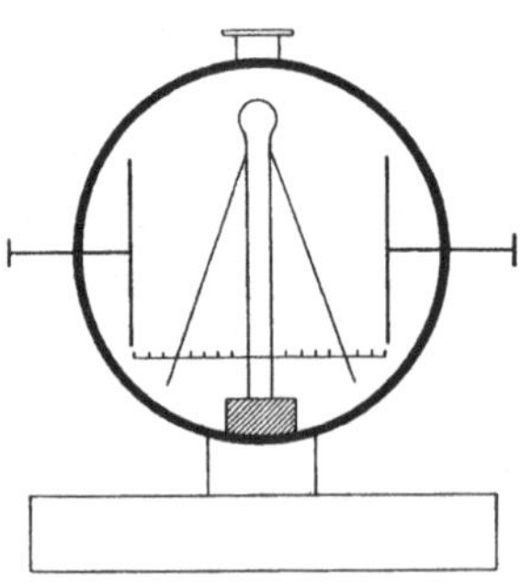

Fig. 5.

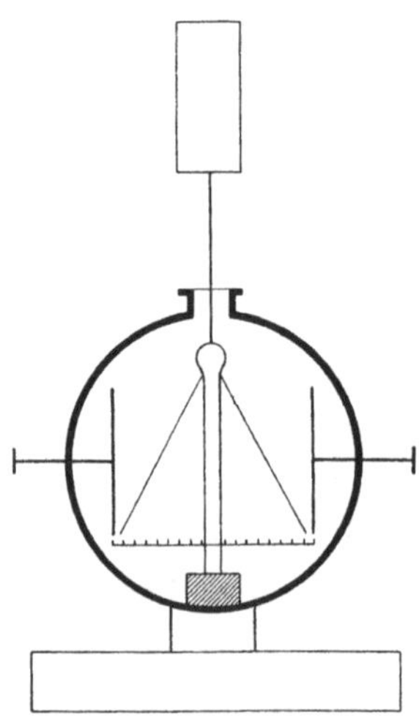

der Atmosphäre. Unter normalen Verhältnissen beträgt der Gradient, d. h. das Spannungsgefälle pro Längeneinheit 100 Volt pro Zentimeter. Bei Gewitterstimmung wächst der Wert auf das 30fache und mehr.

Da dieser Gradient mit wachsender Höhe abnimmt, so kann man nach der Poissonschen Gleichung $d^2s/dt^2 = -4\pi\rho$ die räumliche Dichte der Elektrizität berechnen. Schreibt man der Erde die gleiche Menge negativer Elektrizität zu, so läßt sich aus der bekannten Kapazität der Erdkugel die Spannung berechnen. Allgemein nimmt man für die Spannung der Erde den Wert 0 an. Das ist aber willkürlich, ähnlich wie die Wahl des Schmelzpunktes des Eises zum Nullpunkt der Temperatur. In der Atmosphäre ist also eine freie räumliche Ladung vorhanden. Daß sie sich nicht ebenso rasch ausgleicht wie in einem Leiter erster oder zweiter Klasse, hat seinen Grund darin, daß nur verhältnismäßig wenige Elektronen vorhanden sind. Immerhin besitzt die Luft stets ein gewisses Leitvermögen, das bedingt ist durch die anwesenden Ionen. Diese verdanken ihren Ursprung erstens den radioaktiven Emanationen und der durchdringenden Strahlung. Man kann auch auf hohen Berggipfeln, ferner im Ballon, sogar auf dem Ozean stets eine Zerstreuung geladener Konduktoren beobachten, die durch die umgebende Luft erfolgt. Ein einfacher Versuch mag die Leitfähigkeit der Luft veranschaulichen. Wir nehmen ein Elektroskop von der Form, die Fig. 4 wiedergibt. Diese Form stammt von Elster und Geitel und ist eine Verbesserung des Elektroskops von Exner. Die Isolation besteht aus Bernstein und ist ins Innere des Apparates verlegt. Lädt man ein solches Elektroskop auf etwa 200 Volt und schließt es ab, so behält es seine Spannung wochenlang und verliert pro Stunde nur ein halbes Volt bis ein Volt. Sobald aber mit ihm ein Zylinder verbunden ist, Fig. 5, so wird die Spannung in einigen Stunden verloren sein. Die Ladung ist durch die Luft abgeflossen, nicht etwa über den Bernstein, denn sonst müßte auch bei geschlossenem Apparat der gleiche Verlust eingetreten sein. Früher führte man die Abnahme der Ladung auf Staubteilchen zurück, die zuerst angezogen und dann abgestoßen werden sollten und so einen Konvektivstrom liefern sollten. Es zeigte sich indessen, daß diese Annahme falsch ist. Der Rauch einer Zigarre z. B. setzt die Leitfähigkeit in einem Zimmer sogar herab. Wir stellen uns das jetzt so vor, als ob die freien Ionen von den kleinen festen Partikeln des Zigarrenrauches gefangen und unschädlich gemacht werden. In gleicher Weise wirkt auch der Wasserdampf. Die Folge ist die, daß feuchte Luft besser isoliert als trockene. Dies scheint einer alten Erfahrung zu widersprechen, nach welcher elektrostatische Versuche nur gelingen, wenn die Apparate vor Feuchtigkeit sorgfältig geschützt werden. Hier haben wir es aber dann mit flüssigem Wasser zu tun, das sich auf den Stützen niederschlägt. In gasförmigem Zustand isoliert der Wasserdampf wie jedes Gas, und durch die feinen Tröpfchen, die in der Luft schweben, wird ein Bruchteil der Ionen gefangen. Auch durch das ultraviolette Licht wird die Luft ionisiert; endlich durch einen Vorgang, auf den zuerst Lenard aufmerksam wurde und der uns bei der Erklärung der Gewitterelektrizität einen großen Dienst leisten wird. Lenard fand nämlich, daß in der Nähe von Wasserfällen die Luft ein erhöhtes Leitvermögen besitzt. Das Zerplatzen der kleinen Tröpfchen bedingt ein Zerreißen einer elektrischen Doppelschicht und bildet somit die Quelle freier Elektrizität. Übrigens enthält die Luft immer einige Ionen. Unsere neuen Elektroskope sind so empfindlich, daß schon die Anwesenheit von 20 Ionen im Kubikzentimeter sich erkennen läßt. Von den Trillionen Molekülen, die der gleiche Raum enthält, brauchen also nur 20 in diesen eigenartigen Zustand versetzt zu werden, um elektrometrisch erkannt zu werden. Unter dem herrschenden Potentialgefälle kommt nun, da die Luft ein schwaches Leitvermögen besitzt, ein Vertikalstrom zustande, der dicht vor Gewittern und während solcher den normalen Wert vielfach überschreitet. Die Niederschläge, die stets Ladungen zeigen, bringen die Elektrizität teilweise wieder zur Erde herab. Im großen findet ein Ausgleich statt durch die Gewitter. Um diese zu erklären, bedürfen wir erstens des obengenannten Lenardeffektes, ferner der ebenfalls bereits besprochenen Kondensation des Wasserdampfes an den Ionen. Natürlich müssen auch gewisse meteorologische Vorbedingungen erfüllt sein, damit ein Gewitter zustande kommt. Wir denken uns die Lage so, daß nach einem sonnenreichen Tage die unteren Schichten der Luft wie der Erdboden selbst sehr warm sind, während die kühlere Luft darüber lagert. Dies ist ein labiler Zustand, der nur eines Anstoßes bedarf, um gestört zu werden. Die wärmere Luft wird rasch in die Höhe steigen und dabei sich ausdehnen. Die Abkühlung bedingt eine Übersättigung. An den Staubpartikeln, dann an den Elektronen, und zwar zuerst an den negativen, kondensieren die Tröpfchen, um dann zu größeren Tropfen zusammenzufließen. Je dicker die Tropfen werden, um so rascher fallen sie nach dem Gesetz von Stokes. Einer Fallgeschwindigkeit von 8 m in der Sekunde entspricht nach Lenard gerade die Größe, die ein Wassertropfen besitzen kann. Jenseits davon beginnt er, sich zu deformieren und in kleinere Tröpfchen aufzulösen. Der aufsteigende Luftstrom trägt die kleineren Tröpfchen wieder in die Höhe. Die großen fallen, wie gesagt, gerade so schnell, wie der aufsteigende Strom beträgt, und scheinen still zu stehen. Wenn sie zerplatzen, so entstehen infolge der Verstäubung elektrische Kräfte. Beim Zusammenfließen wächst die Spannung, so daß der neu gebildete Tropfen eine höhere Spannung besitzt, als die der einzelnen Komponenten betrug. Wiederholt sich dies Spiel genügend oft, so werden die Spannungen erreicht, bei denen die Elektrizität in die Luft ausstrahlt. Dadurch wird die Bahn der Entladung ionisiert. Die Blitzbahn wird gewissermaßen vorbereitet. Der herabfallende Gewitterregen bringt die positiven Ladungen mit herab. Die negativen folgen meist später, und zwar werden sie mehr durch den gewöhnlichen Regentypus getragen, als durch die Gewitterregen. Auch Schnee und Hagel führen Ladungen mit herab, wie man leicht erkennen kann, wenn man zum Auffangen eine isolierte Schale benutzt. Daß auch quantitativ die besprochenen Effekte ausreichen, um die gewaltigen Gewitterspannungen und die normale Anzahl der Blitze zu erklären, hat Simpson dargetan. In den regen- und gewitterreichen Gegenden von Simla in Vorderindien hat er eingehende Studien über diese Frage gemacht. Er empfiehlt den Luftschiffern, sich mit der Frage der Entstehung der Gewitter zu befassen. Bei diesen wird freilich eine solche Anregung gemischte Gefühle auslösen; es ist einstweilen ratsam, bereits bei den Vorboten eines sicher herannahenden Gewitters zu einer Landung zu schreiten, denn in den auf- und absteigenden Böen ist ein Ballon völlig machtlos. Kein Ventil bzw. Ballast vermögen die Bewegung aufzuhalten. Insofern die Gewitter eine große Gefahr für den Luftschiffer bilden, ist ihr Studium und die Frage ihrer Entstehung natürlich von größter Bedeutung. Man kann die Ausbildung elektrischer Störungen im Feld der Erde vom Ballon aus besonders schön untersuchen. Die Methoden sind von Ebert und seinen Schülern ausgearbeitet. Die größeren Luftschiffe sollten alle mit Vorrichtungen zur Messung und Registrierung der Spannungsgradienten versehen sein. Steigt die

Spannung so hoch, daß Büschelentladungen eintreten, so ist die Gefahr bereits recht erheblich. Mit dem Auswerfen von Sand- oder Wasserballast wird noch eine erhöhte Deformierung des elektrischen Feldes auftreten, als sie schon durch den Ballon selbst verursacht wird. Wenn die durch Influenz auf dem Körper des Ballons erregte Influenzelektrizität vor ihrer Wiedervereinigung durch Spitzenausstrahlung in freie Ladung umgewandelt wird, so ist Gefahr vorhanden, daß beim Landen ein Funke zur Erde überspringt. Schon manches Mal ist ein Ballon beim Landen verbrannt. Die Ballonhülle kann endlich auch durch Reibung elektrisch werden. Sinkt der Ballon beim Reißen zusammen, so können sich einzelne Schichten laden. Man hat vorgeschlagen, die umgebende Luft künstlich zu ionisieren, etwa durch Radium, um diese Gefahren zu verhüten. Wir sehen, wie ein uraltes Problem, das seit Franklin die Forscher beschäftigte, sich im Lichte unserer neuen Theorie zwanglos und elegant erklären läßt. Wir können aber noch auf andere Fragen mit Erfolg die neuen Kenntnisse anwenden.

Einige Beispiele mögen zur Erhärtung dieser Behauptung dienen. Der Vorgang der Lichterregung beruht auf den Schwingungen; welche die Elektronen um den positiven Kern der Atome vollführen. Entfernen sie sich aus ihrer Ruhelage, so treten elastische Kräfte auf, die proportional der Entfernung aus der Ruhelage sind. Dadurch entstehen Schwingungen, die den gleichen Gesetzen gehorchen, wie die Bewegungen eines Pendels unter dem treibenden Einfluß der Schwerkraft. Jeder Schwingung entspricht eine Linie im Emissionsspektrum des betreffenden Atoms. Bei der Mannigfaltigkeit der Spektren ist demnach das Atom ein keineswegs einfacher, sondern ein recht komplizierter Gegenstand. Seine Unteilbarkeit besteht darin, daß in ihm das kleinste selbstständige Individuum vorliegt. Auch der Mensch ist insofern unteilbar, als er nach der Zerteilung nicht imstande ist, weiterzuleben; und doch besteht er aus vielen Millionen einzelnen Teilen.

So ist nach dem Ausspruche Rowlands ein Eisenatom so kompliziert, daß im Vergleich mit ihm ein Bechsteinflügel mit seinen Tausenden von Teilen und Teilchen ein einfacher Körper genannt werden muß. Daß die Bewegung, die das Licht hervorruft, wirklich in hin und her zitternder Elektrizität besteht, kann man daran erkennen, daß ein magnetisches Feld die Schwingungen in dem Sinne beeinflußt, wie es von der Elektronentheorie vorausgesagt werden kann. Zeeman hat den Nachweis erbracht; H. A. Lorentz hatte ihn vorausgesagt. Nach dem Gesetz von Biot und Savart wirkt ein Magnetfeld auf einen elektrischen Strom mit einer Kraft, die gleich dem Produkte aus Stromstärke mal Feldstärke ist. Diese Kraft tritt zu der elastischen noch hinzu. Und zwar wirkt sie in zwei Achsen; in der dritten Achse, die die Richtung der magnetischen Kraftlinien hat, tritt keine Beeinflussung auf. Die Folge ist das Neuerscheinen zweier Spektrallinien neben der ursprünglichen. Aus der Größe der Verschiebung läßt sich auch für die hier schwingenden Elektronen das Verhältnis e/m bestimmen. Man erhält den gleichen Wert wie bei den Kathodenstrahlen oder beim lichtelektrischen Effekt. Die Änderung der Frequenz beträgt:

$$dn = \frac{1}{2} H \frac{e}{m},$$

wenn H die Feldstärke des Elektromagneten ist. Die Gleichungen lauten:

$$\left.\begin{aligned} \frac{d^2 p_x}{dt^2} + k^2 p_x &= -\frac{e}{m} H \frac{dp_y}{dt} \\ \frac{d^2 p_y}{dt^2} + k^2 p_y &= +\frac{e}{m} H \frac{dp_x}{dt} \\ \frac{d^2 p_z}{dt^2} + k^2 p_z &= 0 \end{aligned}\right\}$$

Die zweiten Glieder links sind die Kräfte, die das Elektron wieder in die Ruhelage zurücktreiben.

Die Abweichung der Spektrallinie von der ursprünglichen ist gleich dem halben Produkt aus Feldstärke und dem Verhältnis e/m. Das Vorzeichen des Elektrons ist das negative. So findet der wichtige Prozeß der Lichterregung eine neue und befriedigende Erklärung.

Den lichtelektrischen Vorgang haben wir bereits besprochen; einen nahe damit verwandten Effekt wollen wir hier erwähnen, weil er ein sehr wichtiges neues Feld für die Elektronentheorie eröffnet. Es ist der von Haber und Just gefundene sogenannte Reaktionseffekt. Bei der Einwirkung aktiver Gase, z. B. Bromdampf oder Phosgen auf unedle Metalle oder deren Legierungen, z. B. Rubidium, Lithium, Kalium,

Natrium, werden Elektronen frei, die, im Magnetfeld untersucht, für das Verhältnis e/m ebenfalls den bekannten Wert ergeben, woraus mit Sicherheit zu schließen ist, daß man es mit Elektronen zu tun hat, und nicht etwa mit Reaktionsprodukten. Die Wärmetönung der chemischen Reaktion ist in diesen Fällen ausreichend, um das Elektron aus dem Atomverbande loszulösen. Der Vorgang geht auch im völlig dunkelen Raume vor sich, es ist also nicht etwa ein lichtelektrischer Vorgang. Am besten läßt sich die Erscheinung als eine künstliche Radioaktivität bezeichnen. Wie weit auch andere chemische Prozesse zu elektrischen Vorgängen Anlaß geben, muß noch untersucht werden. Ein Verlust an Masse, wie man ihn bei Umsetzungen oft gesucht und gelegentlich zu finden geglaubt hatte, ist bei dem Reaktionseffekt nicht vorhanden.

Wir wollen zum Schluß noch kurz auf die Entladungen in Gasen eingehen. Auch sie finden im Lichte der neuen Theorie eine elegante Darstellung und Erklärung. J. J. Thomson hat ein Buch über den Durchgang der Elektrizität durch Gase geschrieben, das auf elektronentheoretischer Grundlage beruht. Nicht nur die Kathodenstrahlen, sondern auch alle anderen Formen der Entladungen lassen sich deuten. Schwierig bleibt nur der Vorgang, der der Entladung vorausgeht. Der lichtlose Strom, den manche annehmen, ist experimentell nicht nachzuweisen, wie Lehmann und nach ihm der Verfasser dargetan haben. So bleibt der Entladung doch immer ein disruptiver Charakter anhaften.

Die schönste Frucht des Studiums der Entladungen war die Entdeckung der Röntgenstrahlen. Diese kommen dadurch zustande, daß die Elektronen beim Aufprall auf ein festes Hindernis ihre Geschwindigkeit plötzlich verlieren, und damit Anlaß zur Entstehung einer Ätherwelle geben, die als Röntgenstrahlung aus dem Entladungsrohr heraustritt. Diese Strahlung wird in einem späteren Vortrag ausführlich besprochen werden. Wir wollen hier von ihr nichts weiter sagen, als daß sie der Anlaß zur Entdeckung der Becquerelstrahlen gewesen ist. Diese ihrerseits bildet den letzten Schlußstein, der das Gebäude der Elektronentheorie krönt. Wir wollen im nächsten Vortrag uns mit dieser neuen und grundlegenden Entdeckung ausführlich beschäftigen.

Die Radioaktivität.

Das Thema meines heutigen und teilweise auch noch das des nächsten Vortrages beansprucht das größte Interesse unter allen neueren Fragen der letzten Jahrzehnte. Wohl noch nie hat eine Entdeckung eine so einschneidende Umwälzung in den Grundanschauungen hervorgerufen. Noch keine hat so viele neue Begriffe, Tatsachen und Theorien zutage gefördert. Und beispiellos ist die rasche Entwickelung, die dieser neue Zweig der Chemie und Physik zeigt. Es ist wohl kein eigentlicher Beweis, aber doch ein Beleg für meine Behauptung, wenn ich Ihnen mitteile, daß das neue Buch aus der Feder der Frau Curie einen Umfang von 1000 Seiten besitzt.

In diesem Werk hat die berühmte Entdeckerin des Radiums alles Wissenswerte zusammengestellt. Die Darstellung ist dabei keineswegs weitschweifig. Die große Menge von neuen Erscheinungen, die in den 16 Jahren seit der ersten Entdeckung bekannt geworden sind, ist nur so zu erklären, daß zahlreiche Forscher in richtiger Erkenntnis der Wichtigkeit des neuen Gebietes sich diesem zugewandt haben. Einzelne haben sich sogar die Beschäftigung damit zu ihrer Lebensaufgabe gemacht.

So hat sich das Dunkel rasch gelichtet. Immer seltener wird die früher öfters geäußerte Anschauung, als ob durch die neuen Entdeckungen die Grundlagen der Physik erschüttert wären, als ob z. B. das Prinzip von der Erhaltung der Energie seine Gültigkeit verloren hätte. Der Schleier des Geheimnisvollen hebt sich mehr und mehr, und für die anfangs sehr kühn scheinenden Hypothesen sind exakte Zahlenbelege erbracht. Chemie und Physik erfahren beide eine ungeahnte Erweiterung. Erstere vermehrt ihre Grundstoffe um fast die Hälfte, letztere sieht eine glänzende Bestätigung der modernen Theorien der Elektrizität erbracht. Die Elektronentheorie findet ihr kunstreiches Gebäude gekrönt. Ohne umständliche Apparate, ohne Vakuum und Funkeninduktoren zeigen sich die Elektronen dem menschlichen Auge. Ein Schwarm von Elektronen, mit riesiger Geschwindigkeit ausgeschleudert, verursacht die eigenartigen Erscheinungen, die der strahlenden Substanz anhaften. Der vierte Zustand, wie der geniale Engländer Crookes die strahlende Materie genannt hatte, die Ergänzung der festen, flüssigen und gasförmigen Körper, ist jetzt kein Phantasiegebilde mehr, sondern bildet ein leicht zugängliches Objekt für ein genaues Studium und sichert alle die Resultate, die bisher das Gebäude der Elektronentheorie bildeten. So ist der logische Zusammenhang des heutigen Themas mit dem des ersten Vortrages ein ebenso inniger wie leicht sichtbarer. Doch auch historisch läßt sich das eine aus dem anderen ohne Schwierigkeit entwickeln. Die Kathodenstrahlen bilden den Ausgangspunkt für die Röntgensche Entdeckung der X-Strahlen. Aus letzterer aber hat sich die neue Entdeckung der Radioaktivität hergeleitet.

Bekanntlich erregen die Röntgenstrahlen einen Schirm aus Platinbariumcyanür zum Leuchten. Sie erregen Fluoreszenz. Den inneren Zusammenhang zwischen Strahlung und Fluoreszenz untersuchte Henri Becquerel näher. Zu diesem Zweck untersuchte er fluoreszierende Stoffe auf eine Strahlung hin mit der photographischen Platte. Nach längerer Exposition am Sonnenlicht wurden die zu untersuchenden Substanzen, vor allem Uranverbindungen, auf ihre photographische Aktivität geprüft. Dabei ergab sich, daß dem Sonnenlicht ausgesetzte Uranverbindungen eine Strahlung aussenden, die durch schwarzes Papier hindurch auf eine lichtempfindliche Platte wirkt. Durch Zufall aber fand Becquerel, was übrigens eine systematische Untersuchung ebenfalls sehr bald ergeben haben würde, daß die vorhergehende Bestrahlung keineswegs notwendig war, sondern daß die Strahlung auch ohne eine solche emittiert wird. Mit anderen Worten: Uran und Uranverbindungen senden eine Strahlung aus. Diese ist von äußeren Einflüssen unabhängig. Es zeigt sich somit eine ganz neue Fundamentaleigenschaft gewisser Stoffe. Diese Strahlung wird nach ihrem Entdecker Becquerelstrahlung genannt. Substanzen, die diese Strahlung aussenden, sind radioaktiv. Becquerel ist der Entdecker der Radioaktivität. Er hat auch als erster eine große Zahl interessanter Eigenschaften an den neuen Erscheinungen festgestellt. So fand er die anderen Analogien mit der Röntgenstrahlung. Ebenso wie diese vermag auch die neue Art von Strahlen die Luft zu ionisieren und Fluoreszenz zu erregen, endlich, wie schon gesagt, die Platte zu beeinflussen. Die Bestimmung der Konstanten der Elektronen stammt ebenfalls teilweise von Becquerel. Es ist verständlich, daß bei der großen Tragweite dieser Entdeckung ein einzelner Mann nicht allein sich der Aufgabe gewachsen fühlte. Die Mitarbeit des Ehepaares Curie setzt hier erfolgreich ein. Pierre Curie, ein durch seine Arbeiten über Kristallelektrizität und über den Magnetismus bekannter Physiker, hilft seiner Gattin, die noch im Beginn ihrer wissenschaftlichen Laufbahn steht, bei ihrer Dissertation. Fast scheint es dem Kritiker merkwürdig, daß eine Doktorarbeit von der Entdeckung des Radiums berichtet. Nicht das reife Werk eines erprobten Forschers, sondern das Erstlingswerk einer neuen Jüngerin der Wissenschaft enthält diesen reichen Schatz. Kein Wunder, daß große Erwartungen sich an die weitere Entwickelung dieser Kraft knüpften. Und, wie wir mit gutem Recht sagen können, sind die Erwartungen nicht getäuscht. Nach dem tragischen Tode ihres Gatten, den ein Lastwagen im Getriebe der Millionenstadt zermalmte, hat sie das Vermächtnis übernommen. Noch jetzt ist sie auf ihrem Gebiete unbestritten eine der ersten Autoritäten. Wer auf einer Versammlung gesehen hat, wie diese Frau die Debatte leitet, wie sie mit immer gleichbleibender Ruhe französisch, deutsch, englisch erwidert, der wird sich dem großen Eindruck nicht haben verschließen können. Das Verdienst Becquerels soll darunter nicht leiden. Er hat die erste Anregung gegeben und Frau Curie mit der Aufgabe betraut, den aktiven Bestandteil der Uranverbindungen zu isolieren. Die Ausführung dieser Aufgabe führte dann zur Entdeckung des Radiums.

Uranverbindungen sind leider recht selten. In den böhmischen Bergwerken wurde Uran gesucht. Die Glasfabriken bedienten sich dieses Stoffes, um dem Glase die schöne grüne Farbe zu geben. Die Rückstände wurden dann weggeworfen und bildeten Halden, deren Abbau später reiche Beute gab. Wird doch jetzt das Kilogramm Pechblende mit etwa 100 ℳ bezahlt. Die Bearbeitung der Pechblende durch Frau Curie bildet einen Rekord der chemischen Laboratoriumstechnik. Sie erinnert an die klassische Darstellung des Cäsiums durch Bunsen. Aus ganzen Wagenladungen von Ausgangsmaterial wurden einige Milligramme herausgearbeitet auf Grund eines äußerst mühsamen Verfahrens. Wir wollen nur die Grundzüge angeben: Da der neue Bestandteil, das Radium, wie ich vorausnehmen möchte, in seinen

Fig. 6.

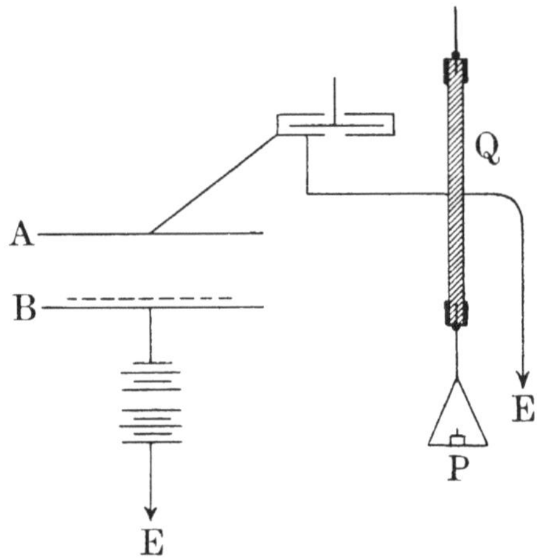

chemischen Eigenschaften sich ganz denen des Bariums nähert, so ist die Gewinnung identisch mit der des Bariums. Nach der Aufschließung der in HCl unlöslichen Bestandteile mit konzentrierter Soda und Pottasche wird wieder in HCl gelöst und mit H_2SO_4 gefällt. Man erhält so das Barium, das aber in diesem Falle vom Radium begleitet ist, und darum besser Radiobarium genannt wird. Die strahlenden Eigenschaften zeigen sich bei diesem Produkt wieder, nur in viel größerer Stärke. Wir wollen kurz betrachten, wie sich die Intensität messen läßt. Die Ionisierung der Luft durch die Strahlung bietet ein bequemes Mittel, die Intensität zu messen. Am besten ersieht man den Charakter der Meßmethode aus der Fig. 6. Zwei Kondensatorplatten, A und B, sind mit einer Batterie bzw. mit einem Elektrometer verbunden. Liegt zwischen den Platten eine radioaktive Substanz, so ist gewissermaßen ein leitender Zusammenhang zwischen ihnen hergestellt. Der Ausschlag des Elektrometers wird nun durch eine Gegenladung kompensiert, die in der Meßanordnung von Curies durch einen piezoelektrischen Quarz Q erzeugt wird. Die Untersuchungen P. Curies über die Piezo- oder Druckelektrizität des Quarzes gehen zurück auf das Jahr 1881. Wird auf einen bestimmt orientierten Quarzkristall ein Zug ausgeübt durch ein angehängtes Gewicht, so entstehen an zwei zu einer Axe normalen Flächen gleiche Mengen entgegengesetzter Elektrizität. Die Flächen der Platte sind versilbert bis auf zwei schmale Nuten. Ist die Belegung der einen Plattenseite geerdet, so tritt beim Anhängen des Gewichtes an der isolierten anderen Seite eine ganz bestimmte Ladung auf, die im Moment des Abhebens durch eine gleich große Menge des entgegengesetzten Vorzeichens ersetzt wird. Aus den Curieschen Arbeiten ist bekannt, daß die Elektrizitätsmenge in elektrostatischen Einheiten gegeben ist durch die Gleichung

$$q = \frac{K \,.\, lP}{e},$$

wo l die Länge, e die Dicke der Platte und P das Dehnungsgewicht bedeuten. K ist eine von Curie bestimmte Konstante. Wir wollen von der Beschreibung der Korrektionen dieser einfachen und genialen Methode absehen; nur auf eines sei hingewiesen. Der Strom in einem ionisierten Gase folgt nur bis zu einem gewissen Grade dem Grundgesetz des elektrischen Stromes, nach welchem Stromstärke und Spannung einander proportional sind (Ohmsches Gesetz). Bei wachsender Spannung tritt ein Maximalwert der Stromstärke ein. Man nennt diesen Wert Sättigungsstrom. Man hat sich den Vorgang so zu denken, daß alle verfügbaren Ionen am Transport der Elektrizität beteiligt sind, und daher eine erhöhte Spannung keine Zunahme der Stromstärke mehr bewirkt. Bei geringerer Spannung wandern die Ionen langsamer. Es werden daher viele von ihnen wieder molisiert, d. h. zurückgebildet durch Wiedervereinigung. Je kürzer die Zeit ist, in der die Ionen von einer Platte zur anderen kommen, um so geringer ist die Molisierung, um so größer die verfügbare Zahl. Ist der Sättigungsstrom erreicht, so ist man unabhängig von der Spannung. Das ist natürlich wichtig, denn sonst könnte eine erhöhte Spannung eine vermehrte Radioaktivität vortäuschen. Als relatives Maß der Aktivität, wie das Vermögen eine solche Strahlung auszusenden genannt sei, erhalten wir jetzt die Größe des am Quarz angehängten Gewichtes. Es ist nicht schwer, nach Eichung des Kristalles daraus die Stromstärke in absoluten Einheiten oder in Ampere abzuleiten. Eine kleine Tabelle möge die relative Stärke verschiedener

Uranverbindungen wiedergeben:

	Ampere
Uranmetall	$2,3 \,.\, 10^{-11}$
Uranoxyd (schwarz)	$2,6 \,.\, 10^{-11}$
" (grün)	$1,8 \,.\, 10^{-11}$
Natriumuranat	$1,2 \,.\, 10^{-11}$
Kaliumuranat	$1,2 \,.\, 10^{-11}$
Uranylnitrat	$0,7 \,.\, 10^{-11}$
Uranylsulfid	$1,2 \,.\, 10^{-11}$

Mit fortschreitender Anreicherung der wirksamen Substanz aus dem Ausgangsmaterial steigt nun die Aktivität beträchtlich. Man kommt bald zu so hohen Werten, daß ein direkter Vergleich unmöglich ist. In solchem Fall wird die Strahlung durch Metallfolie abgeschirmt und in einem experimentell festgestellten Verhältnis reduziert.

Es liegt sehr nahe, zu erproben, ob außer dem Uran und seinen Verbindungen auch andere Stoffe radioaktiv seien, d. h. Elektronen emittieren. Frau Curie hat fast alle bekannten Grundstoffe untersucht und gefunden, daß auch das Thorium und seine Verbindungen diese Eigenschaft besitzen. Zu dem gleichen Resultat gelangte unabhängig Professor G. C. Schmidt. Jetzt wissen wir, daß es noch einen dritten aktiven Stoff gibt, das Aktinium, endlich daß auch das Kalium und das Rubidium schwache Aktivität zeigen. Die Größenordnung der bei den Thoriumverbindungen erzielten Ströme ist die gleiche wie beim Uran. Doch zeigen sich charakteristische Unterschiede in der Art der Strahlung, die wir noch eingehend zu besprechen haben werden, wenn wir die Strahlung und ihre Eigenschaften genauer analysieren.

Das aktive Element, dem die Uranverbindungen das Strahlungsvermögen danken, ist ein neues Element, das von Frau Curie den Namen Radium erhielt. Für den Chemiker erwächst als erste die Aufgabe, Atomgewicht und Spektrum festzustellen. Dazu bedarf es einer Reindarstellung. Die Trennung vom Barium ist sehr mühselig. Frau Curie erzielte sie durch fraktionierte Kristallisation. Die Verbindungen der Alkalimetalle, zu denen das Barium und das Radium gehören, sind als Sulfate so gut wie ganz unlöslich. Chloride und Bromide sind in Wasser löslich, doch sinkt die Löslichkeit mit steigendem Atomgewicht. Die Reihenfolge ist Calcium, Strontium, Barium, Radium. Aus einer gesättigten Lösung, die Barium und Radium enthält, fällt daher zuerst das Radiumbromid aus. Die Salze werden in reinem destillierten Wasser bei Siedetemperatur gelöst und in einem gedeckten Gefäß der Ausscheidung überlassen.

Nach dem Erkalten sammeln sich am Boden festhaftende schöne Kristalle, von denen man die Lösung leicht abgießen kann. Der Eindampfrückstand einer solchen Lauge ist etwa nur ein Fünftel so stark wie die ausgeschiedene Portion. Die Ausgangsprobe ist nun in zwei Teile zerlegt. Mit beiden wiederholt man den Versuch, so daß man jetzt vier Teile hat. Darauf vereinigt man den stärkeren Teil der ersten (schwächeren) mit dem schwächeren der anderen Portion. Nun hat man drei Portionen, die man wiederum in je zwei Teile zerlegt. Man hält sich an eine begrenzte Zahl von Fraktionen. Immer wird die gesättigte Lösung der einen mit den Kristallen der nächstfolgenden vereinigt. Die schwächsten Fraktionen werden ausgeschieden und jedesmal erfolgt eine Anreicherung auf das Fünffache. Man kann auch eine fraktionierte Fällung mit Alkohol vornehmen. Den Schluß der umständlichen Operation bildet der spektrographische Nachweis des Verschwindens der Bariumlinien. Gleichzeitig erhält man das Radiumspektrum. Demarçay hat dieses als erster beobachtet. Es gleicht im ganzen dem typischen

Spektrum der Erdalkalimetalle. Die wichtigsten Linien sind:

Farbe	Wellenlänge in $\mu\mu$
Grün	482, 61
Blau	468, 23
"	453, 33
"	443, 65
"	434, 08
"	381, 46
"	364, 97
"	281, 40
"	270, 86

Das von Giesel untersuchte Flammenspektrum zeigte starke Linien mit der Wellenlänge:

Farbe	Wellenlänge in $\mu\mu$
Rot	665, 3
"	660, 0
Orange	630, 0
Grün	482, 6

Die Flamme ist schön rot gefärbt.

Die Spektralreaktion des Radiums ist sehr empfindlich. Man kann einen Radiumgehalt von 0, 01 Proz. im Barium noch nachweisen.

Die Atomgewichtsbestimmung ergab nach den genauesten Messungen von Frau Curie 226, 45. Zur Verwendung kam wasserfreies Radiumchlorid. Auch die Darstellung des metallischen Radiums und die Feststellung seiner Eigenschaften geht auf Frau Curie zurück. Im Jahre 1910 stellte sie durch Elektrolyse wässerigen reinen Radiumchlorids mit einer Quecksilberkathode Radiumamalgam dar; die Destillation des letzteren in einer verdünnten Wasserstoffatmosphäre ergab metallisches Radium; die chemischen Eigenschaften des reinen Radiums sind sehr merkwürdig. Es ist weißlich silberglänzend, doch nicht beständig, wohl infolge seines stark elektropositiven Verhaltens, dank welchem es auch mit Stickstoff leicht ein Nitrid bildet. Es wirkt zersetzend auf Wasser ein und greift organische Substanzen, z. B. Papier, heftig an.

Die Radiumsalze: Chlorid, Nitrat, Carbonat, Sulfate sehen, in festem Zustande dargestellt, ebenso aus wie die entsprechenden Bariumsalze, mit denen sie isomorph sind, sie färben sich jedoch im Laufe der Zeit. Auch in ihren chemischen Eigenschaften verhalten sich die Radiumsalze genau so wie die entsprechenden Bariumsalze.

Wir wollen jetzt die merkwürdigen Eigenschaften des Radiums an einem Präparat kennen lernen. Im Dunkeln erkennt man mit gut ausgeruhtem Auge, daß ein Kristall Radiumbromid ein schwaches Licht ausstrahlt. Das Salz fluoresziert unter der Einwirkung seiner eigenen Becquerelstrahlung. Sehr hell wird der Lichtschein, wenn man einen Röntgenschirm nähert. 10 mg Radiumbromid sind hier in einer kleinen Ebonitkapsel eingeschlossen. Sie ruhen in einer kleinen Vertiefung und sind mit einem dünnen Glimmerblättchen zugedeckt. Das Ganze ist mit einem Messingdeckel verschraubt und in ein Bleikästchen eingeschlossen. Je näher man den Schirm bringt, um so heller, aber auch um so kleiner wird der leuchtende Schein. Die Strahlung dringt also durch das Glimmerblättchen und durch den Karton des Bariumplatincyanürschirmes hindurch. Auch andere Substanzen sind für die Strahlung durchlässig. Ein zweites Präparat, das mir eine Berliner Firma, die Radiogengesellschaft, zur Verfügung gestellt hat, befindet sich in diesem Paket. Ich habe es gar nicht erst ausgewickelt, um die versiegelte Verpackung nicht zu beschädigen. Gleichwohl leuchtet der Schirm hell auf. Die Strahlen durchdringen in diesem Falle zuerst ein Glasröhrchen, dann einen Karton, endlich die Holzwolle und die äußere Packung. Wenn man das ganze Paket in die Tasche steckt und den Leuchtschirm außen an den Rock hält, so zeigt sich wieder der helle Schein. Legt man das Präparat in ein Kästchen aus Zigarrenholz, so kann man es wiederum mit dem Schirm rasch finden. Bedeckt man den Kristall mit einer Leder- oder Stoffschicht, so wird die Helligkeit kaum gemindert; sogar durch eine silberne Dose hindurch strahlt das Licht, allerdings stark abgeschwächt. Aus der Nähe kann man erkennen, daß sogar der dicke Bleikasten, der als Schutzhülle dient, ein wenig durchlässig ist. Bei der quantitativen Prüfung all dieser Effekte erkennt man, daß ein Teil der Strahlen sehr leicht absorbiert wird. Dieser Teil hat nach Rutherford den Namen α-Strahlen erhalten. Schon durch ein Aluminiumblech von 0,1 mm Dicke werden sie absorbiert. Das Durchdringungsvermögen haben hauptsächlich Becquerel, Meyer und v. Schweidler, Curie und Rutherford untersucht.

Fig. 7.

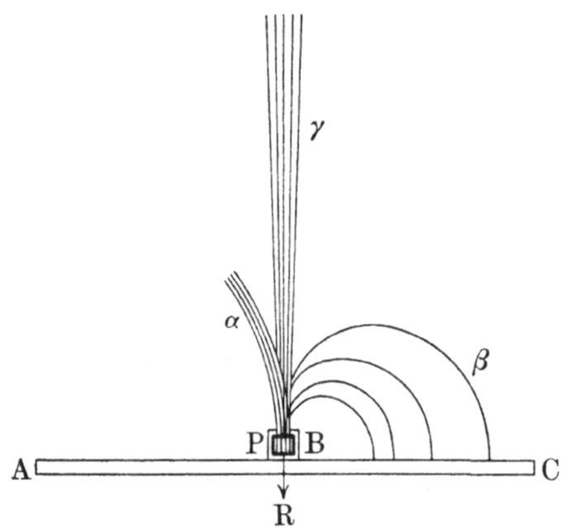

Sind alle α-Strahlen verschluckt, so besteht der Rest aus β- und γ-Strahlen. Von diesen beiden werden die ersteren durch dicke Aluminiumplatten oder andere Metalle ebenfalls absorbiert, während die dann übrigbleibenden Strahlen fast gar nicht absorbiert zu werden scheinen. Selbst dicke Bleiplatten sind durchlässig für sie; wir haben dies ja bei unserem Präparat gesehen.

Noch auf eine andere Weise gelingt die Trennung der verschiedenen Strahlen. Bringt man den Radiumkristall zwischen die Pole eines starken Magneten, so werden die Strahlen aus ihrer ursprünglich geradlinigen Bahn abgelenkt. Die α-Strahlen werden durch den Magneten so beeinflußt, als ob sie einen positiven elektrischen Strom darstellten, während die β-Strahlen sich als konvektive negative Elektrizität erweisen, die die Eigenschaften der Kathodenstrahlen besitzen, d. h. negative Ladung mit sich führen und im Magnetfeld eine gekrümmte Bahn beschreiben, deren Krümmungshalbmesser umgekehrt proportional der Feldstärke ist. Die γ-Strahlen zeigen sich dem Magnetfelde gegenüber indifferent. Sie weichen von ihrer geradlinigen Bahn nicht ab. Das Schema der Ablenkung zeigt die Fig. 7: P ist ein kleiner Bleiblock, R das Radiumpräparat. AC ist eine photographische Platte. Die α-Strahlen bilden eine gekrümmte Bahn von schwacher Biegung, die β-Strahlen werden energisch zur Seite, und zwar zur anderen hingebogen. Dadurch wird die Platte von B bis C beeinflußt. Die γ-Strahlen verlaufen auch bei erregtem Felde geradlinig. Dieser Versuch ist nur schematisch. Die Ablenkung der β-Strahlen durch den Magneten hat Becquerel mit einer Anordnung bewiesen, die Fig. 8 zeigt. Die gekrümmten Strahlen erreichen die Platte von unten und bewirken dort eine Schwärzung. Curie hat die Ablenkung elektrometrisch untersucht. Man kann die Strahlen durch den Magneten so beugen, daß sie auf Bleiplatten fallen, von denen sie absorbiert werden, während sie in unabgelenktem Zustand das elektrische Feld zwischen den Kondensatorplatten der oben beschriebenen Anordnung treffen und ionisieren. Die Ablenkung der α-Strahlen ließ sich auf diese Art nicht nachweisen.

Fig. 8.

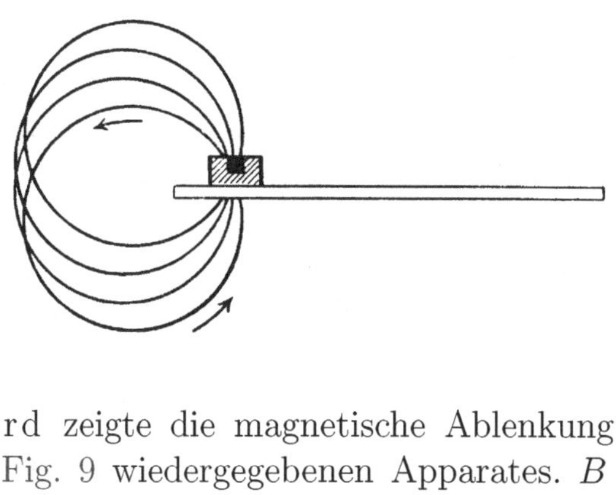

Rutherford zeigte die magnetische Ablenkung der α-Strahlen mittels des in Fig. 9 wiedergegebenen Apparates. B ist ein Elektroskop, dessen Gehäuse aus Bleiblech besteht und das auf der Unterseite ein Fenster F besitzt. Unter diesem befindet sich ein Metallgefäß V,

Fig. 9.

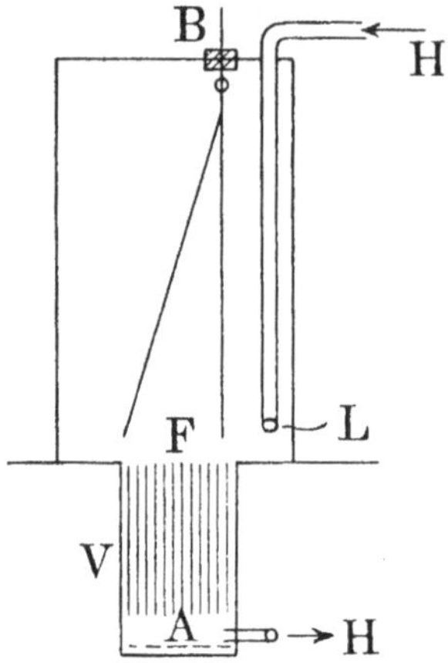

in welchem eine Anzahl senkrecht angeordneter Metallplatten sich befindet. Unter diesen Bleiplatten liegt ein Radiumpräparat. Der innere Raum ist mit Wasserstoff gefüllt, um die Absorption zu verkleinern. Unter dem Einfluß der Gesamtstrahlung wird die im Elektroskop mitgeteilte Ladung stets rasch verschwinden. Ein relativ schwaches Magnetfeld vermindert die Entladungsgeschwindigkeit ein wenig, insofern es die β-Strahlen ablenkt. Da diese aber nur einen kleinen Bruchteil der Gesamtstrahlung ausmachen, so ist der Unterschied gering. Wird jetzt ein sehr starkes Feld erregt, so dringen auch die α-Strahlen seitlich abgelenkt in die Bleiplatten ein. Die Ladung des Elektroskopes hält sich dann viel länger. Hierbei sehen wir wiederum die Anwendung der neuen Methode zur Messung der Stärke einer radioaktiven Strahlung. Wir nennen sie die elektroskopische. Sie ist ungefähr gerade so empfindlich wie die photographische und die fluoroskopische, hat aber vor diesen den großen Vorzug, daß sie direkt vergleichbare Zahlen für die Intensität liefert. Ein gutes Elektroskop, in der Art wie es im ersten Vortrag beschrieben, bewahrt eine ihm mitgeteilte Ladung tagelang. Die geringste Menge radioaktiver Substanz genügt, den Ladungsverlust sichtbar zu beschleunigen. Es ist nicht zu viel behauptet, wenn man sagt, daß der elektroskopische Nachweis dem spektralanalytischen mehrere hunderttausendmal überlegen ist. Ein billiontel Gramm Radium läßt sich auf diesem Wege mit absoluter Sicherheit erkennen. Die Annäherung eines radioaktiven Stoffes an ein geladenes Elektroskop bewirkt ein rasches Zusammenfallen der Blättchen. Die Wirkung wird durch einen einschließenden Kasten zwar bedeutend herabgesetzt, wie ein Versuch zeigt, aber nicht ganz aufgehoben.

Die Bestimmung der Konstanten erfolgt genau in der gleichen Weise, wie bei den Kathodenstrahlen. Rutherford hat für die Strahlen zuerst die Geschwindigkeit und das Verhältnis e/m (s. vor. Vortrag, S. 5) gemessen. Der wahrscheinlichste Wert ist $5,1\,.\,10^3$ absolute elektromagnetische Einheiten, also halb so groß wie beim Wasserstoffion. Da ein Stoff mit dem Atomgewicht 2 nicht bekannt ist, so ist die Erklärung auf den ersten Blick schwierig. Sie wird aber sehr einfach, wenn wir das später gefundene Resultat vorausnehmen, daß die Teilchen aus Helium bestehen. Helium hat das Atomgewicht 4. Demnach sind zwei elektrische Elementarquanten an ein Heliumatom gebunden. Die Geschwindigkeit der α-Strahlen schwankt zwischen 10^9 und $2\,.\,10^9$ cm/sec. Die Bestimmungen sind im luftverdünnten Raume vorgenommen, da anderenfalls die Strahlen sehr rasch absorbiert werden.

Bei den β-Strahlen ist die Bestimmung weniger schwierig. Schon Becquerel hat eine solche ausgeführt mit dem Ergebnis: $e/m = 10^7 e\,.\,mg\,.\,e$; $v = 1,6\,.\,10^{10}$ cm/sec. Die Methode beruht auf der im vorigen Vortrag ausführlich beschriebenen doppelten Ablenkung (Methode der gekreuzten Spektren). Sie wird dadurch erschwert, daß die Strahlen nicht vollständig homogen sind, sondern verschiedene Geschwindigkeit besitzen. Man muß ein enges Bündel herausblenden. Sehr genaue Messungen hat Kaufmann ausgeführt, um vor allem die Abhängigkeit der Größe e/m von der Geschwindigkeit festzustellen. Er fand folgendes

Resultat:

Geschwindigkeit cm	e/m
$2,36 \,.\, 10^{10}$	$1,31 \,.\, 10^{7}$
$2,48 \,.\, 10^{10}$	$1,17 \,.\, 10^{7}$
$2,59 \,.\, 10^{10}$	$0,97 \,.\, 10^{7}$
$2,72 \,.\, 10^{10}$	$0,77 \,.\, 10^{7}$
$2,83 \,.\, 10^{10}$	$0,63 \,.\, 10^{7}$

Die Deutung der Abnahme der einen Größe mit der Zunahme der anderen haben wir bereits gebracht.

Daß die α-Strahlen positive, die β-Strahlen negative Ladung mit sich führen, ist von Curies erwiesen. Sehr anschaulich ist ein von Strutt konstruierter Apparat, der die Aufladung eines Elektroskops zeigt, die dadurch zustande kommt, daß die β-Strahlen negative Ladung mitführen, während die α-Strahlen nicht herausgelassen werden, so daß eine Aufladung im positiven Sinne erfolgt. Ein feines Glaskügelchen enthält ein Quantum Radiumsalz (etwa 10 mg). Das Kügelchen ist von einem Metallringe umgeben, an dem ein ganz feines Elektroskop aus Goldblatt befestigt ist. Kugel und Elektroskop sind in einem weiteren hoch evakuierten Glasgefäß eingeschlossen. Die Luft muß soweit wie möglich entfernt werden, damit keine Ionisierung auftritt, die jede entstehende Ladung wieder zerstreuen würde. Das Goldblättchen hebt sich bei wachsender Ladung, schlägt bei einer bestimmten Lage an einen geerdeten Stift, lädt sich dann aufs neue und bildet so eine elektrische Uhr; scheinbar ein Perpetuum mobile. Viele Jahre geht die Uhr unverändert. Eine Abnahme würden wir überhaupt nicht konstatieren, wenn nicht das Blättchen allmählich abgenutzt würde.

So kommen wir auf die wichtige Frage, ob die Energie der Radiumstrahlung, wie es zuerst den Anschein hatte, unbeschränkt und ewig dauernd sei. Werden die Strahlen absorbiert, so entwickelt sich Wärme. Somit stellt ein Radiumpräparat gewissermaßen einen kleinen Ofen dar, der dauernd Licht und Wärme ausstrahlt. Eine Abnahme läßt sich weder mit der Wage noch etwa durch eine Verminderung der Intensität der Strahlung erkennen. Wir nehmen das Resultat der folgenden Betrachtung voraus.

Ein Radiumpräparat strahlt nicht ewig, sondern nach 2000 Jahren ist die Hälfte verbraucht. Nach weiteren 2000 Jahren ist nur noch ein Viertel vorhanden usf. Die Wärmemenge, die von 1 g Radium in der Stunde ausgesandt wird, beträgt bei voller Ausnutzung der Strahlung 138 cal/g. Die Wärmeentwickelung ist von Curie und Laborde entdeckt worden. Sie ist so erheblich, daß ihr Nachweis leicht zu erbringen ist. Es genügt, zwei Thermometer in zwei Dewargefäße einzuführen, von denen eines eine kleine Menge Radiumsalz enthält. In diesem wird die Temperatur immer etwas höher sein als in dem anderen. Zwecks genauer Bestimmung der Menge Wärme, die von einem Gramm pro Stunde entwickelt werden, benutzten Curie und Dewar die unter dem Einfluß der entbundenen Wärme verflüchtigte Menge eines verflüssigten Gases. Mit 0,42 g Radiumbromid erhielt Curie im Mittel 26 Cal pro Stunde. Sehr genaue Messungen hat Ångström zum gleichen Zweck ausgeführt. Er erhielt als Resultat 117 Cal. Curie gibt ungefähr 100 Cal an. Die neuesten Bestimmungen, die mit größeren Mengen reiner Substanz in Wien ausgeführt wurden, führten zu dem oben genannten Wert. Die von 1 g Radium bis zu seinem endgültigen Zerfall entwickelte Wärmemenge beträgt ungefähr 3 Milliarden Cal. Die gleiche Menge erzielt man durch Verbrennung von 500 kg Kohle.

Die Wärmemenge läßt sich auch berechnen. Die kinetische Energie eines α-Teilchens beträgt:

$$w = \tfrac{1}{2} m \,.\, v \,.\, v,$$

wofür man praktisch schreibt:

$$w = 1/2 \frac{m \,.\, v \,.\, v}{e} \cdot e;$$

$\frac{m \,.\, v \,.\, v}{e}$ ist nämlich aus den Ablenkungsversuchen der Strahlen bekannt. Es treten verschiedene Strahlen gleichzeitig auf, für die folgende

Größen gelten:

v	$\frac{m \,.\, v \,.\, v}{e}$	v	$\frac{m \,.\, v \,.\, v}{e}$
$1,56 \,.\, 10^9$	$4,78 \,.\, 10^{14}$	$1,77 \,.\, 10^9$	$6,12 \,.\, 10^{14}$
$1,70 \,.\, 10^9$	$5,65 \,.\, 10^{14}$	$2,06 \,.\, 10^9$	$8,37 \,.\, 10^{14}$

Wir setzen für unsere Ableitung die Zahl der α-Teilchen, die von 1 g Radium ausgesandt werden, als bekannt voraus; wir werden später mitteilen, wie man sie gezählt hat. Man kann pro Sekunde $3,4 \,.\, 10^{10}$ annehmen. Die Wärme berechnet sich danach zu $4,73 . 10^9$ erg, während dem beobachteten Wert von 118 Cal 4,95 erg entsprechen. Die Übereinstimmung ist recht befriedigend. Dabei ist die β- und γ-Strahlung nicht mit in Rechnung gezogen.

Wir wollen jetzt einige merkwürdige Eigenschaften des Radiums besprechen. Der Anprall der mit großer Geschwindigkeit ausgeschleuderten α-Teilchen bewirkt eine Zerstörung lebender Gewebe, die davon getroffen werden. Die Haut des Menschen zeigt zuerst eine Rötung, dann bei längerer und stärkerer Bestrahlung zeitigen die Strahlen Wunden und schwer heilende Ekzeme. Dies hat Curie selbst unliebsam erfahren, als er ein starkes Präparat auf der Überfahrt nach England in der Tasche trug. Ein Kästchen aus Aluminium oder Blei würde genügend Schutz geboten haben. Andererseits kann dieser Einfluß auch nützlich verwertet werden. So werden krankhafte Wucherungen, insbesondere krebsartige Geschwüre erfolgreich mit Radiumstrahlen oder Injektionen bekämpft. In dieser Hinsicht gleichen die Radiumstrahlen den Röntgenstrahlen. Sie sind aber viel leichter zu applizieren und auch zu dosieren als jene. Es hat sich eine ganz neue medizinische Wissenschaft hieraus und aus der später zu beschreibenden therapeutischen Anwendung der Emanation entwickelt. Krankenhäuser suchen sich einen Radiumschatz zu erwerben. Leihweise werden Präparate auch an Ärzte abgegeben. Auf Kompressen und Wattepolstern bringt man Radiumsalze in unlöslicher Bindung auf und legt die Kompressen auf die Wunden. Auf Porzellan brennt man Radiumsalze auf, ebenfalls in unlöslicher Form.

Die Platten können zur Desinfektion in die Flamme gehalten werden oder mit kochendem Wasser oder auch Alkohol gereinigt werden. In ihrer Nähe spürt man einen intensiven Ozonduft. Der Sauerstoff der Luft wird durch Radium zu Ozon oxydiert. Noch manche auffallenden chemischen Veränderungen rufen Radiumverbindungen hervor. Glas und Porzellan färben sich braun oder blau. Es genügt eine mehrstündige Exposition. Der braune Fleck auf einer Milchglasplatte verschwindet in der Bunsenflamme, doch ist an seiner Stelle das Porzellan nachher rissig und brüchig. Steinsalz und Sylvin nehmen ähnliche Färbungen an wie beim Bestrahlen mit Kathodenstrahlen. Diamanten und andere Edelsteine färben sich. Sie zeigen außerdem unter dem Einfluß der Strahlung eine lebhafte Fluoreszenz, die sie von wertlosen Imitationen unterscheidet. Letztere leuchten viel weniger. Organische Substanzen verbrennen langsam. Papier z. B. wird braun und brüchig. Weißer Phosphor wandelt sich um in die rote Modifikation. Wasser wird durch radioaktive Körper zersetzt.

Fig. 10.

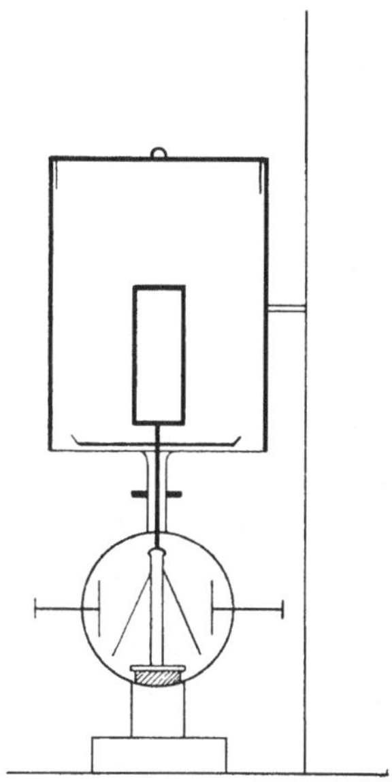

Bringt man Radium in ein Vakuum, so verschlechtert sich dieses stets. Es entwickeln sich Gase. Aus Lösungen von Radiumbromid entweichen Wasserstoff und Sauerstoff. Gelegentlich beobachtete Explosionen von Glasgefäßen, in denen Radium aufbewahrt wurde, sind wohl so zu erklären, daß sich Knallgas angesammelt und daß sich beim öffnen ein Funke bildet, der das Gas zur Entzündung bringt. Im Vakuum verändert sich ein Radiumsalz. Es bildet sich dabei wahrscheinlich aus dem Bromid ein Oxybromid. Wesentlich trägt zu den chemischen Wirkungen ein noch nicht besprochener Faktor bei, die Emanation.

Außer den besprochenen Strahlungen geht von einem Radiumsalz stets eine gasförmige Ausscheidung aus, die man Emanation nennt. Sie hat sehr merkwürdige Eigenschaften, die teilweise schon von Curie erkannt wurden. Von der Existenz der Emanation kann man sich durch einen einfachen Versuch überzeugen. Fig. 10 zeigt die Anordnung. Ein Elektroskop, wie wir es schon in Fig. 5 kennen gelernt haben, trägt einen Kasten aus Weißblech, in dessen Inneres ein zylindrischer Stift hineinragt. Auf den Boden des Kastens bringt man einige Gramm einer radioaktiven Substanz, z. B. Quellsedimente. Die Radioaktivität zeigt sich an durch das Zustandekommen eines ganz bestimmten Sättigungsstromes zwischen dem geladenen Stift und der Kastenwand. Man beobachtet nun, daß dieser Strom allmählich ansteigt, sowie daß man das Ansteigen verhindern kann durch Ausblasen des Kastens mit Luft. Bei der großen Geschwindigkeit, die die α- und β-Strahlen besitzen, ist es nicht wahrscheinlich, daß sie durch den Luftstrom alle mitgerissen werden sollten. Noch überzeugender ist ein Versuch, bei dem die radioaktive Substanz in einem Gefäß liegt, das durch einen Hahn mit einem zweiten in Verbindung gebracht werden kann, in welchem das Elektroskop steht. Man kann dann durch Hinübersaugen beweisen, daß die Luft über dem Präparat aktiv geworden ist. Es handelt sich dabei nicht etwa um abgeschleuderte feste Partikelchen der aktiven Substanz, denn durch Watte filtriert, erweist sich die Luft ebenso aktiv. Die Emanation bewirkt eine scheinbare Übertragung der Aktivität eines emanierenden Körpers auf seine Nachbarschaft. Diese Erscheinung hat Curie zuerst beobachtet und mit dem Namen „induzierte" Aktivität belegt. Er fand, daß diese mitgeteilte Aktivität nach ganz bestimmten Zeitkurven wieder verschwindet. Diese Kurven sind für verschiedene aktive Substanzen, z. B. Radium und Thorium, verschieden, sich selbst aber immer genau gleich, so daß sie eine genaue Unterscheidung der verschiedenen radioaktiven Stoffe erlauben.

Es steht jetzt fest, daß diese induzierte Aktivität identisch ist mit den Zerfallsprodukten der Emanation.

Wir begeben uns hiermit auf ein neues Gebiet, das wohl das interessanteste von allen neu erschlossenen im Lande der Radioaktivität ist.

Die Emanation ist ein Gas, dessen Eigenschaften sehr genau bekannt sind. Chemisch gehört sie zu den Edelgasen, d. h. zu den indifferenten inerten Gasen vom Helium- und Argontypus. Das Molekulargewicht beträgt $222,4$, das Spektrum ist von Ramsay und Collie, sowie von Rutherford und Royds festgestellt. Mit flüssiger Luft kann die Emanation verdichtet, gewissermaßen ausgefroren werden. Sie folgt dem Dalton-Henryschen Absorptionsgesetz, kurz, sie hat alle Eigenschaften eines normalen Gases, und doch ist ein fundamentaler Unterschied vorhanden. Die Emanation zerfällt; nach $3,86$ Tagen ist der ursprünglich vorhandene Betrag auf die Hälfte gesunken und nach wieder $3,86$ Tagen ist nur noch ein Viertel vorhanden. Dieser Zerfall ist begleitet von einer Strahlenemission. Letztere ist, streng genommen, die Ursache des Zerfalles. Die radioaktiven Substanzen sind in einer dauernden Umwandlung begriffen; sie bilden sich und zerfallen wieder. Diese Hypothese stammt von Rutherford und bedeutet eine Umwälzung in den Grundanschauungen vom Wesen der Materie. Man nennt sie die Desintegrationstheorie. Ihr Grundgedanke ist der, daß alle radioaktiven Stoffe in einer kontinuierlichen Umwandlung begriffen sind. Diese ist die Ursache der Strahlung und gleichzeitig die Folge. So entsteht aus dem Radium die Emanation, aus letzterer die induzierte Aktivität, die wir aber genauer definieren können, als Summe der gleichzeitig auftretenden Zwischenstufen zwischen der Radiumemanation und dem Derivat Radium D. Aus der Emanation entsteht zuerst das Radium A; dieses zerfällt sehr rasch. Seine Halbwertszeit beträgt nur 3 Minuten. Es sendet α-Strahlen aus und liefert Radium B. Aus diesem entsteht Radium C_1, aber bei diesem Prozeß tritt nur eine Emission von β-Strahlen auf. Die Halbwertszeit ist $26,7$ Minuten. Dann zerfällt das Radium C_1 mit einer

Halbwertszeit von 19, 5 Minuten. Hier werden die Verhältnisse etwas komplizierter; es tritt eine Verzweigung auf. Es entstehen Radium C_2 und Radium C'; aus letzterem entsteht Radium D. Dieses ist ziemlich beständig. Seine Halbwertszeit ist 16 Jahre. Der kühne Gedanke, der dieser Theorie zugrunde liegt, nimmt den Grundstoffen die Unveränderlichkeit; wir müssen sowohl das Radium wie auch die Emanation als Elemente im Daltonschen Sinne ansehen. Sie sind wohl definierte Grundstoffe. Es gelingt nicht, sie künstlich ineinander überzuführen oder den Zerfall zu beschleunigen. Der Vorgang ist vollständig freiwillig. Die stärksten Drucke und die höchsten Temperaturen erweisen sich als völlig wirkungslos. Die Neubildung einer Zwischenstufe und ihr Verschwinden bedingen nun ein ganz bestimmtes Gleichgewichtsverhältnis. Wie in einer Wanne, wenn das Wasser mit bekannter Geschwindigkeit zufließt und mit einer anderen, ebenfalls bekannten, abfließt, sich ein ganz bestimmter Gleichgewichtszustand herstellt, so ist auch hier jede Stufe in einem Gleichgewicht, wenn sich ebensoviel nachbildet, wie wieder zerfällt. Mit 1 g Radium ist eine genau bekannte Menge Emanation im Gleichgewicht. Diese Menge nennt man Curie. Sie liefert im Plattenkondensator einen Strom von $2,7 \,.\, 10^6$ elektrostatischen Einheiten.

Bei der Emanation ist die Bestimmung der Lebensdauer sehr einfach. Man braucht lediglich einen geschlossenen Apparat, in dem sich Radiumemanation befindet, mit einem Elektroskop zu messen und den Versuch von Zeit zu Zeit zu wiederholen. Nach vier Tagen ist der Wert auf die Hälfte gesunken und nach weiteren vier Tagen wiederum. Bei den kurzlebigen Produkten versagt diese einfache Bestimmungsmethode. Doch gibt es hier ein ganz anderes Verfahren, das zum Ziele führt. Geht der Zerfall sehr rasch vor sich, ist also die Halbwertszeit sehr klein, so werden die Strahlen mit sehr großer Energie ausgeschleudert. Sie besitzen dann eine sehr große Reichweite[2]). Bragg hat zuerst beobachtet, daß ein radioaktiver Körper eine ganz bestimmte Wirkungszone besitzt. Für die verschiedenen Stoffe sind diese Reichweiten auf Millimeter genau bekannt, so genau, daß eine Bestimmung dieser Konstanten zur Identifizierung ausreicht. Wie Geiger und Nuttall gefunden

[2]) Englisch „range“; die Größe wächst mit steigender Luftverdünnung.

haben, besteht eine einfache Beziehung zwischen der Transformationsgeschwindigkeit und der Reichweite. Trägt man die Logarithmen der letzteren und die der Halbwertszeiten als Abszisse bzw. Ordinate graphisch auf, so erhält man eine gerade Linie. Auf diese Art und Weise lassen sich die sehr kurzlebigen Übergangsprodukte erkennen. Einige leben nur Bruchteile von Sekunden. Das Thor A hat z. B. eine Halbwertszeit von 0, 14 Sekunden. Seine Strahlen haben eine Reichweite von 5, 7 cm. Thorium selber sendet Strahlen aus, die nur bis 2, 7 cm dringen. Die Halbwertszeit beträgt demnach 30 Milliarden Jahre. Die bisher bekannten radioaktiven Stoffe, die sich in drei Familien ordnen lassen, sind in der später folgenden Tabelle zusammengestellt. Wie man sieht, sind es schon mehr als 30. So viele neue Grundstoffe muß die Chemie zu den bisher bekannten (etwa 75) hinzuzählen. Wie eine Stammbaumtafel mutet die Tabelle uns an. Wir sehen hier einen Abbau der organischen Natur. Wer weiß, ob hier nicht ein Grundgesetz der Natur verborgen liegt, ob nicht vielleicht alle Stoffe einer solchen Umwandlung unterworfen sind, die nur bei den gewöhnlichen Elementen so langsam verläuft, daß wir davon keine Kunde erhalten. Jahrhundertelang hat man von der Bildung und dem Verschwinden der radioaktiven Stoffe nichts gewußt. Nur die Elektronenemission hat davon Kunde gegeben. Wenn unsere Hilfsmittel feiner sein werden, so mag es gelingen, zu erkennen, daß vielleicht auch Gold und Silber radioaktiv sind, daß sich eines aus dem anderen herleiten läßt, daß es einige wenige Urstoffe gibt, von denen alle anderen abstammen. Wenn es gelingt, den Zerfall zu beschleunigen, so wäre damit ein Wegweiser gegeben, dem Problem näher zu treten und den Traum der Alchimisten zu verwirklichen, edle Metalle aus unedlen herzustellen.

Die Umwandlung eines Elementes in ein anderes ist aber nicht bloß eine theoretische Spekulation. Beim Zerfall der Radiumemanation und anderer Glieder obiger Reihen wird jedesmal, wenn α-Teilchen emittiert werden, Helium entwickelt. Das α-Teilchen besteht aus Helium; die Bestimmung der Größe e/m hatte dies schon wahrscheinlich gemacht. Der Versuch hat es erwiesen. Ramsay ist es gelungen, den Nachweis zu erbringen, daß aus der Emanation sich Helium entwickelt. Helium ist ein Edelgas, dessen Existenz auf optischem Wege in der Sonnenkorona zuerst erwiesen wurde. Später fand man es auch auf der Erde. Im Cleveit sind verhältnismäßig große Mengen davon eingeschlossen. Die Bildung aus Radiumemanation kann man einwandfrei durch einen Versuch nachweisen. Glas läßt sich so dünn ausblasen, daß es für α-Strahlen durchlässig, aber dennoch gasdicht ist. Trennt man durch eine solche Lamelle eine Kammer von einer zweiten, in der sich Emanation befindet, so passieren die α-Teilchen die Lamelle, und in der anfangs leeren Kammer läßt sich später Helium nachweisen. Füllt man Helium in die erste Kammer, so dringt es erwiesenermaßen nicht hindurch. Es wird also gewissermaßen hindurchgeschossen durch die allerfeinsten Zwischenräume zwischen den Glasmolekülen. Die Maschen sind für die Gasteilchen zu fein, für die α-Teilchen bieten sie einen freien Weg.

Seitdem man größere Mengen Radium zu experimentellen Zwecken zur Verfügung hat, ist es auch gelungen, den entwickelten Betrag der Emanation zu messen. Mit der Mikrowage von Steele, die eine Empfindlichkeit von $^1/_{250\,000}$ mg pro Skalenteil besitzt, führten Ramsay und Gray eine Bestimmung aus und fanden, daß ein Radiumpräparat von 0,127 mg $RaBr_2$ in acht Tagen $^1/_{10}$ cmm Emanation entwickelte. Die Wägung eines bestimmten Volumens dieser Emanation ergab das Molekulargewicht der Emanation zu 222,4. Also entsteht die Emanation tatsächlich unter Verringerung des Atomgewichts um 4 Einheiten. 4 ist aber das Atomgewicht des Heliums. So ist der direkte ziffernmäßige Beweis für die kühne Hypothese von Rutherford erbracht. Die Umwandlung unter Strahlenemission ist theoretisch von größtem Interesse für den Chemiker. Am besten erhellt dies aus dem Versuch, die neuen radioaktiven Elemente in das klassische periodische System der Elemente einzuordnen.

Das Mendelejeffsche System besteht bekanntlich aus neun Horizontal- und neun Vertikalreihen. Die Elemente sind nach steigendem Atomgewicht geordnet. In den Vertikalkolumnen stehen die Elemente gleichen oder ähnlichen Charakters. Die Einreihung der bekannteren radioaktiven Elemente ist nicht schwierig. Das Radium gehört in die Kolumne II, die Emanation in die Nullreihe, zu den Edelgasen. Das Thorium steht in Reihe IV, das Uran in Reihe VI. Es gilt nun aber, mehr als 30 neue Grundstoffe einzureihen. Das läßt es schon als wahrscheinlich erscheinen, daß einige Plätze mehrfach zu besetzen sind. Fajans hat eine Reihe scharfsinniger Schlüsse gezogen, und zwar geht er von der Überlegung aus, daß bei allen Umwandlungen, die mit einer α-Strahlenemission verbunden sind, das entstehende Produkt elektrochemisch positiver wird, bei Emission von β-Strahlen bildet sich dagegen ein elektrochemisch negativerer Körper. So tritt ein Stoff nach α-Emission im periodischen System nach links, bei β-Emission nach rechts. Wie schon Soddy erkannt hatte, beträgt der Sprung im ersten Falle zwei Kolumnen, im anderen Falle aber nur eine Gruppe. Hierbei ändert sich aber das Atomgewicht nicht, während die α-Emission das Atomgewicht um 4 verringert, da ja das α-Teilchen aus Helium mit einer doppelten positiven Elementarladung besteht. Auf Grund dieser Regeln kann man nun alle Stoffe nach Art des periodischen Systems einreihen und erhält dabei folgende von Fajans aufgestellte Tabelle (s. S. 42).

In der Tabelle I sind die sämtlichen radioaktiven Stoffe in drei Grundfamilien zusammengestellt. Die Buchstaben α und β bezeichnen die Strahlung, die Halbwertszeiten sind jedesmal beigesetzt, die Ordnungszahl des Systems darüber. Auch die von Fajans entdeckte Verzweigung des RaC_1 kommt in der Tabelle zum Ausdruck. Man erkennt sehr klar die Regelmäßigkeiten und Analogien in den drei Familien. Auch ist die Ordnungszahl der Gruppen periodisch wiederkehrend und zwar wiederholt sich in der Reihe 6 4 5 6 4 2 0 6 4 5 6 4 5 6 4 dreimal die Reihenfolge 6 4 5 6 4; unsichere Zahlen sind eingeklammert.

Die definitive Einordnung in die Reihe des periodischen Systems ergibt folgende Tabelle (s. S. 43), ebenfalls nach Fajans.

Die Atomgewichte sind aus denen des Urans (238, 5) und des Thoriums (232, 4) abgeleitet, indem bei einer α-Emission jeweils 4 abgezogen, bei einer β-Emission dagegen das Atomgewicht unverändert gelassen wurde. Die Stoffe, die an ein und dieselbe Stelle kommen, sind in ihren chemischen Eigenschaften einander sehr ähnlich. Sie lassen sich nicht durch chemische Methoden oder Kristallisieren voneinander trennen, wenn sie zusammen auftreten. Nach der gewöhnlichen chemischen Analyse würden sie also als ein Element aufzufassen sein. Dominieren und darum für das Atomgewicht maßgebend sein wird das stabilste

Tabelle I.

$$\underset{5.10^9\ J}{\overset{6}{U\,I}} \xrightarrow{\alpha} \underset{24{,}6\ T}{\overset{4}{Ur\,X}} \xrightarrow{\beta} \overset{(5)}{(Ur\,X2)} \xrightarrow{\beta} \underset{(10^6\ J)}{\overset{6}{Ur\,II}} \xrightarrow{\alpha} \underset{(10^5\ J)}{\overset{4}{Jo}} \xrightarrow{\alpha} \underset{2000\ J}{\overset{2}{Ra}} \xrightarrow{\alpha} \underset{3{,}86\ T}{\overset{0}{Ra\,Em}} \xrightarrow{\alpha} \underset{3\ M}{\overset{(6)}{Ra\,A}} \xrightarrow{\alpha} \underset{26{,}7\ M}{\overset{(4)}{Ra\,B}}$$

$$\underset{19{,}5\ M}{\overset{(5)}{Ra\,C_1}} \xrightarrow{\alpha} \underset{1{,}4\ M}{\overset{(3)}{Ra\,C_2}} \xrightarrow{\beta}$$

$$\underset{19{,}5\ M}{\overset{(5)}{Ra\,C_1}} \xrightarrow{\beta} \underset{(10^{-6}\ S)}{\overset{(6)}{Ra\,C'}} \xrightarrow{\alpha} \underset{16\ J}{\overset{4}{Ra\,D}} \xrightarrow{\beta} \underset{5\ T}{\overset{(5)}{Ra\,E}} \xrightarrow{\beta} \underset{136\ T}{\overset{6}{Ra\,F}} \xrightarrow{\alpha} \overset{4}{Pb}$$

$$\underset{3.10^9\ J}{\overset{4}{Th}} \xrightarrow{\alpha} \underset{5{,}5\ J}{\overset{2}{Mesth\,I}} \xrightarrow{\beta} \underset{6{,}2\ St}{\overset{(3)}{Mesth\,II}} \xrightarrow{\beta} \underset{2\ J}{\overset{4}{Ra\,Th}} \xrightarrow{\alpha} \underset{3{,}7\ T}{\overset{2}{Th\,X}} \xrightarrow{\alpha} \underset{53\ S}{\overset{0}{Th\,Em}} \xrightarrow{\alpha} \underset{0{,}14\ S}{\overset{(6)}{Th\,A}} \xrightarrow{\alpha} \underset{10{,}6\ St}{\overset{4}{Th\,B}}$$

$$\underset{55\ M}{\overset{(5)}{Th\,C_1}} \xrightarrow{\alpha} \overset{(3)}{Th\,D}$$

$$\underset{55\ M}{\overset{(5)}{Th\,C_1}} \xrightarrow{\beta} \underset{(10^{-11}\ Sek.)}{\overset{(6)}{Th\,C_2}} \xrightarrow{\alpha} \overset{(4)}{(Th\,D_2} \xrightarrow{\beta} \overset{5}{Bi} \xrightarrow{\alpha} \overset{3}{Tl)}$$

$$Akt \xrightarrow{\beta} \underset{19{,}5\ T}{\overset{4}{Rad\,Akt}} \xrightarrow{\alpha} \underset{10{,}2\ T}{\overset{2}{Akt\,X}} \xrightarrow{\alpha} \underset{3{,}9\ Sek.}{\overset{0}{Akt\,Em}} \xrightarrow{\alpha} \underset{0{,}002\ Sek.}{\overset{(6)}{Akt\,A}} \xrightarrow{\alpha} \underset{36{,}1\ M}{\overset{(4)}{Akt\,B}} \xrightarrow{\beta} \underset{2{,}15\ M}{\overset{(5)}{Akt\,C}} \xrightarrow{\alpha} \underset{4{,}7\ M}{\overset{(3)}{Akt\,D}} \xrightarrow{\beta}$$

Tabelle II.

0	I		II		III		IV		V		VI	
AktEm 218, 5 ThEm 220, 4 RaEm 222, 5	$(AktX_2)$ 218, 5 (ThX) 220, 4 (RaX) 222, 5	An 197, 2	AktX 222, 5 ThX 224,4 Ra 226,5 MesThI 228, 4	Hg 200, 6	Akt 226,5 MesThII 228, 4	Tl 204, 4 AktD 206, 5 ThD 208,4 RaC_2 210,5	RadAkt 226, 5 RadTh 228, 4 Jo 230,5 Th 232,4 UrX 234, 5	Pb 206,5 ThD_2 208,4 RaD 210,5 AktB 210,5 ThB 212,4 RaB 214,5	(UrX_2) 234, 5	Bi 208,4 RaE 210,5 AktC 210,5 ThC_1 212,4 RaC_1 214,5	UrII 234, 5 Ur 238,5	RaF 210,5 ThC_2 212,4 RaC' 214,5 AktA 214,5 ThA 216,4 RaA 218,5

unter den verschiedenen Elementen. Man kann hieraus einen interessanten Schluß auf die anderen Elemente im System ziehen, d. h. auf die nicht radioaktiven. Auch sie sind vielleicht nicht immer ganz eindeutig, sondern in der gleichen Weise komplex. Übrigens finden wir auch bei ihnen sehr oft die Differenz 4 beim Übergang von einer Gruppen zur vorvorigen. Nur hat man noch keine Radioaktivität erkennen können. Wir wollen hier noch auf die Endprodukte der Reihen hinweisen. Aus dem RaF oder Polonium entwickelt sich höchstwahrscheinlich das Blei. Die Thoriumreihe läuft vielleicht in Wismut und Thallium aus. Wismut kommt in radioaktiven Mineralien meist vor. Nimmt man an, daß infolge der Komplexität der Elemente, die solche Gruppen bilden, wie es in der Tabelle II der Fall ist, die Atomgewichte um zwei Einheiten ungenau sein können, so ließe sich ein Wismut 208 aus ThD unter β-Emission entstehend denken, aber auch eins unter β-Emission aus dem Blei entstehend. Aus letzterem entstände dann unter α-Strahlung das Thallium mit $202,5$. Es wäre sehr interessant, wenn bei genauester Prüfung sich für diese Metalle bei verschiedenem Ursprung abweichende Atomgewichte finden würden.

Wir haben uns von unserem eigentlichen Thema ziemlich weit entfernt, um diese interessanten Spekulationen zu verfolgen. Wir wenden uns nunmehr wieder zur Betrachtung der Umwandlungsvorgänge zurück.

Der Abbau der radioaktiven Stoffe geschieht unter Energieentwickelung. Die Wärme, die bei der Absorption der Strahlung frei wird, haben wir mit der kinetischen Energie der α-Teilchen verglichen, und zwar wurde dabei eine Zahl für die Menge der pro Sekunde emittierten α-Teilchen angenommen, die von Rutherford bestimmt ist. Es ist eine schwierige Aufgabe gewesen, die große Anforderungen an das experimentelle Geschick stellte. Es galt, aus den nach allen Seiten entsandten α-Teilchen ein ganz feines Bündel, gewissermaßen einen α-Strahl, herauszublenden. Als Reagens diente der Sidot- (Zinksulfid-) Schirm. Beim Aufprall eines einzigen α-Teilchens entsteht ein mit bloßem Auge wahrnehmbarer Lichtblitz. Dies ist ein Beweis einmal für die enorme Empfindlichkeit des menschlichen Auges, andererseits für die große kinetische Energie, die ein einzelnes Teilchen infolge seiner großen Geschwindigkeit besitzt. e/m war beim Teilchen $= 5 \,.\, 10^3$. Die Ladung beträgt zwei Elementarquanta oder rund $3 \,.\, 10^{-20}$ elektromagnetische Einheiten. Daraus berechnet sich m und weiter $m/2 \,.\, v^2$; für letzteres erhalten wir die Größenordnung 10^{-5} erg. Die Energie eines β-Teilchens ist wesentlich geringer, trotz der größeren Geschwindigkeit. Die Lichtblitze auf dem Leuchtschirm lassen sich mit dem Mikroskop zählen. Aber auch auf einem anderen Wege ist es gelungen, die Teilchen direkt zu zählen. Es ist nämlich möglich gewesen, Elektrometer von so kleiner Kapazität und so großer Empfindlichkeit zu konstruieren, daß sie die von einem α-Teilchen mitgeführte elektrische positive Ladung direkt anzeigen. Dies Resultat scheint auf den ersten Blick so seltsam, daß es sich verlohnt, etwas ausführlicher darauf einzugehen. Der Apparat besteht aus einem Kondensator, dessen eine Platte mit dem $-$-Pol einer Batterie verbunden ist, deren $+$-Pol geerdet ist. Die andere Belegung des Kondensators steht mit einem Quadrantenpaar eines sehr empfindlichen Quadrantenelektrometers mit hoher Nadelladung in Verbindung. Die Ionisation durch ein Teilchen erzielt einen Stromstoß mit entsprechender Schwankung der Nadel des Elektrometers. Man trifft die Anordnung so, daß nur wenige der emittierten Teilchen in das Innere des Kondensators gelangen. Dann kann man die Stöße bequem zählen. Natürlich muß die Größe des abblendenden Diaphragmas genau bekannt sein. Sind die Stöße pro Sekunde n, der Abstand des Diaphragmas von der Strahlenquelle r, sein Querschnitt s, so ist die Zahl der Gesamtteilchen, regelmäßige Emission nach allen Seiten vorausgesetzt,

$$N = \frac{4\pi r^2 n}{s}.$$

So haben Rutherford und Geiger die Zahl der von 1 g reinen Radiums emittierten α-Teilchen zu $3,4 \,.\, 10^{10}$ bestimmt. Die Bestimmung der Ladung ergab im Mittel 3.10^{-20} absolute elektromagnetische Einheiten.

Da man nunmehr den Gewichtsverlust kennt, den das Radium durch seine Ausstrahlung erfährt, so hat man eine weitere Möglichkeit, die Lebensdauer abzuleiten. Wir nehmen als Halbwertszeit für das Radium den Wert 1757 Jahre. In einer Sekunde wird der Bruchteil $1,25 \,.\, 10^{-11}$ des Radiums zerstört. Zum Schlusse dieser Betrachtung sei noch darauf hingewiesen, daß die Zählung der α-Teilchen sowie die Messung des entwickelten Heliums beim Zerfall der Emanation einen Weg bieten zur Bestimmung der Anzahl Moleküle, die in einer bestimmten Volumeinheit eines Gases enthalten sind. Wir werden hierauf noch ausführlich eingehen und wenden uns jetzt zur Radiumemanation, deren Eigenschaften manches Interessante bieten. Sie ist auf der ganzen Erde verbreitet. Sie spielt eine Rolle im Haushalt der Erde, insofern sie die Leitfähigkeit der Luft erhöht und den Vertikalstrom zustande kommen läßt. Sie tritt in den Thermal- und Mineralquellen zutage und gilt als wichtiger Faktor bei der Bewertung ihrer Heilkraft. Wir wollen im folgenden Vortrag uns eingehend mit der Radioaktivität der Heilquellen befassen.

Die Radioaktivität der Quellen.

Die radioaktiven Emanationen besitzen eine ungemein große Verbreitung. Sie sind, wie schon erwähnt, die Hauptursache für die dauernde Regenerierung der Ionen in der freien Atmosphäre. Elster und Geitel haben hierüber grundlegende Untersuchungen angestellt. Sie fanden, daß abgeschlossene Kellerräume und Höhlen Luft von erhöhter Leitfähigkeit enthalten, die aus den Erdkapillaren stammt. Bei der großen Empfindlichkeit der Reaktionen auf radioaktive Stoffe gelingt der Nachweis von Emanation nach dem Verfahren von Elster und Geitel wohl ausnahmslos an allen Orten. Besonders bei sinkendem atmosphärischem Druck atmet der Erdboden vermehrt aus, was zur Folge hat, daß auch mehr radioaktive Emanation zutage tritt. Um den sicheren Nachweis zu erbringen, prüft man auf die Zerfallsprodukte. Man spannt einen isolierten Draht aus, erteilt demselben eine negative Ladung von 1000 bis 2000 Volt und prüft den aufgerollten Draht nach mehrstündiger Exposition in dem Apparat, den wir früher beschrieben haben (S. 36, Fig. 10). Das Abklingen der Zerfallsprodukte gibt einen Anhalt für die Bestimmung der spezifischen Natur der Emanation. Sehr merkwürdig scheint auf den ersten Blick die Beobachtung von Elster und Geitel, daß die Aktivität des Drahtes durch Abreiben mit einem Lappen auf diesen übertragen werden kann. Die festen

Zerfallsprodukte, die an der Oberfläche haften, werden in diesem Falle abgelöst. Sinkt beim Abklingen z. B. die Aktivität des Drahtes derart, daß nach einer Viertelstunde noch 78 Proz., nach einer halben Stunde noch 49 Proz. vorhanden sind, so ist der aktive Niederschlag durch den Zerfall der Radiumemanation entstanden. Ein derartiger Nachweis gelingt auch auf dem Meere. Ich habe solche Messungen auf einer Fahrt von Alexandria nach Genua ausgeführt, bei denen sich deutlich nachweisbare Aktivität vom Radiumtypus ergab. Sie war zwar schwächer als die unter gleichen Umständen auf dem Festland beobachtete, aber nach zweistündiger Exposition zweifellos vorhanden. Wahrscheinlich ist die Emanation zum größeren Teil vom Lande her auf das Meer verweht. Das Meerwasser selbst enthält nur sehr geringe Mengen von Emanation. Ähnliche Beobachtungen haben Eve, Runge, Knoche u. a. ausgeführt. Auch in größerer Höhe über dem Erdboden läßt sich radioaktive Emanation nachweisen. Messungen von Hess und Flemming haben gezeigt, daß die Atmosphäre noch in Höhe von mehreren Kilometern Emanation enthält. Ihre Beobachtungen sind im Freiballon gemacht.

Noch auf einem anderen Wege gelangt die Emanation aus den oberen und zum Teil auch aus den tieferen Erdschichten in die Atmosphäre. Den Vermittler spielen hier die Quellen. Hier liegt anscheinend die Lösung eines uralten Problems.

1. Die heilkräftige Wirkung vieler Quellen, die sich seit alten Zeiten eines besonderen Rufes erfreuten, ist durch die Entdeckung der Radioaktivität in ein ganz neues Licht gerückt worden. Seit langer Zeit suchte man eine Erklärung für die Wunderkraft. Wo nicht ein ausgeprägter Salz- oder Gasgehalt zutage trat, wo ferner keine hohe Temperatur die Quelle vor anderen auszeichnete, suchte man den wundertätigen „Brunnengeist“ durch Spuren von Gold oder andere seltene Beimengungen zu erklären. Hand in Hand damit ging die durch Legenden überlieferte Anschauung von der Veredelung einer Quelle durch ein sagenhaftes Ereignis. Die alten Römer, bei denen sich das Badewesen bis zu einer Blüte entwickelt hatte, die selbst jetzt in den Kulturstaaten nicht übertroffen wird, wußten die lindernde Einwirkung des heißen Quellwassers gebührend zu schätzen. So finden wir Ruinen von Badeanlagen an zahlreichen Orten, an denen heiße Quellen entspringen, nicht nur in Italien, son-

dern auch in Deutschland, z. B. in unserem engeren badischen Lande bei Baden-Baden und Badenweiler.

Man kann sogar aus gewissen Anzeichen schließen, daß die Alten in der Bewertung verschiedener Quellen eines Komplexes schon Unterschiede machten; daß die Vornehmen bestimmte Quellen bevorzugten, daß einige als besonders kräftig galten, auch ohne daß eine Analyse diese Meinung rechtfertigte.

In späteren Zeiten wagte man sich an eine neue Deutung der spezifischen Kraft. Elektrische Kräfte, hieß es, seien in dem Wasser tätig.

Gewisse Anomalien der Leitfähigkeit, der elektrolytischen Zersetzung, der Abkühlungsgeschwindigkeit, wurden herangezogen.

Aber erst in neuester Zeit ist eine einwandfreie Deutung gefunden; freilich wird sie noch nicht als unumstößlich sicher betrachtet, aber die zu ihren Gunsten sprechenden Faktoren sind so zahlreich, daß sie bereits sehr festen Fuß gefaßt hat. Es ist dies eben die Auffassung, daß der Gehalt an radioaktiver Emanation den heilkräftigen Einfluß bedingt.

Zugunsten dieser Auffassung spricht der Umstand, daß, wie lange bekannt, die Wirksamkeit der Quellen auf den Ort ihres Entstehens beschränkt war, daß ferner die noch so genauen chemischen Imitationen nicht die gleiche Wirkung wie die natürliche Quelle zeigten.

Als feststehend ist jedenfalls die Tatsache zu betrachten, daß fast alle aus dem Erdinnern hervortretenden Quellen Radiumemanation enthalten, zum Teil in recht bedeutendem Maße, und ferner, daß eine unverkennbare Parallelität zwischen dem Radiumgehalt und der historischen Beliebt- und Berühmtheit besteht.

Wir wollen im folgenden darlegen, wie die Kenntnis vom Radiumgehalt der Quellen entstand.

Wasser, das aus dem Erdinneren hervordringt, bringt unter Umständen ganz erhebliche Mengen von Radiumemanation mit herauf, was man daran erkennt, daß Luft, die durch solches Wasser hindurchgegangen ist, ein erhöhtes Leitvermögen besitzt. So fanden J. J. Thomson in Cambridge und Pocchettino und Sella in Rom zu gleicher Zeit und unabhängig voneinander diesen Effekt. Während ersterer aber auf Grund seiner Versuche an eine Ionisierung der Luft durch mechanische

Wirkung glaubte, schlossen Pocchettino und Sella aus den Eigenschaften der leitend gewordenen Luft auf die Anwesenheit von Radiumemanation (1902). Im folgenden Jahre zeigte dann Thomson, daß das Leitungswasser von Cambridge ein radioaktives Gas enthält, welches Adams als Radiumemanation identifizierte.

Angeregt durch Thomson haben dann Bumstead und Wheeler in Amerika Brunnenschächte und Wasserreservoire mit gleichem Ergebnis untersucht, endlich hat H. S. Allen die berühmten Thermalquellen von Bath auf ihren Emanationsgehalt geprüft und als erster die Vermutung ausgesprochen, die heilkräftige Wirkung möge auf dem Radiumgehalt beruhen.

Unabhängig von ihm und gleichzeitig kam F. Himstedt zu dem gleichen Ergebnis. Von der ersten Deutung, die ähnlich wie Thomson eine Zerstäubungsionisierung im Sinne der Lenardschen Wasserfallelektrizität annahm, ging auch er über zu der Annahme, daß es sich außerdem um ein radioaktives Gas handele, dessen Kondensationspunkt bestimmt wurde zur Identifizierung. Auch Himstedt hat auf den Zusammenhang zwischen Heilkraft und Aktivität, sowie als erster zwischen Radiumgehalt und Erdwärme hingewiesen. Ferner hat er zahlreiche Quellen Badens und Württembergs auf ihren Radiumgehalt geprüft.

Die Untersuchung von Quellen auf Radiumemanation bildete nunmehr eine notwendige Ergänzung zu deren Analyse.

Die Emanation ist als Gas in einem Quellwasser in ähnlicher Weise gebunden wie Kohlensäure. Bei starkem Schütteln mit Luft, oder wenn wir Luft blasenweise durch das Wasser strömen lassen, oder beim Kochen entweicht die Emanation. Hierbei mischt sie sich mit der Luft und macht dieselbe leitend; der Grad der Leitfähigkeit wird elektroskopisch festgestellt und so ein relatives Maß der Aktivität der Quellen gewonnen.

Dieses Prinzip liegt dem Apparat zugrunde, den Professor Engler und ich konstruiert haben. Wir nennen ihn „Fontaktoskop", da er in erster Linie die Aktivität von Quellwässern messen soll.

Fig. 11 auf folgender Seite verdeutlicht diesen sehr einfachen Apparat; der Hauptbestandteil ist eine 22 cm weite, 26 cm hohe Messingblechkanne mit 3 cm hohem konischen Deckel. Über den 6 cm weiten, 1,6 cm hohen Hals greift ein massiv gehaltener Deckel, der gleichzeitig den Fuß des Elektroskopes bildet.

Das Elektroskop ist eine etwas veränderte Form des von Elster und Geitel vervollkommneten Exnerschen Instrumentes.

Fig. 11.

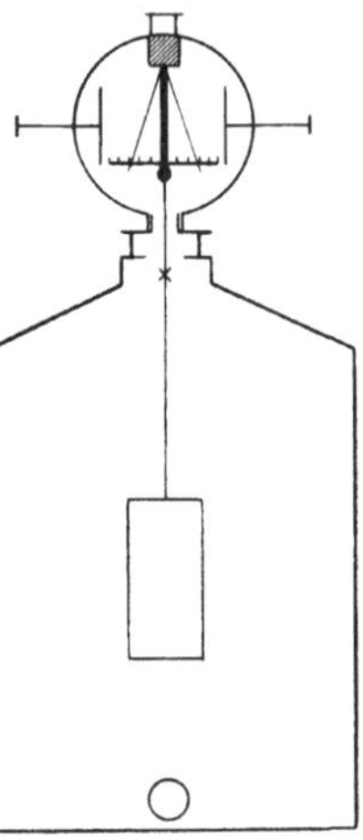

Der Blättchenträger hängt in der Bernsteinisolation und trägt eine eingeschraubte Verlängerung, an der mittels Bajonettverschluß der Zerstreuungszylinder aufgehängt wird.

Bei Ausführung eines Versuches bestimmt man zuerst den Normalverlust des mit indifferentem, destilliertem Wasser beschickten Apparates. Dann wird das zu untersuchende Wasser in einer graduierten Flasche auf Zimmertemperatur abgekühlt und vorsichtig in die Kanne hinübergedrückt. Darauf wird die Kanne mittels Gummistopfens hermetisch verschlossen, etwa 1/2 Minute mäßig geschüttelt und der inzwischen am Elektroskop angehängte Zerstreuungskörper in die Kanne eingesenkt.

Wird beim Schütteln sehr viel Gas entbunden, so läßt man vorsichtig durch den Hahn am Boden der Kanne ein entsprechendes Quantum Wasser ab.

Die Ladung erfolgt mittels eines kleinen Ebonitstäbchens. Die Beobachtung des Zusammensinkens der Blättchen erfolgt in Zeitintervallen, die sich nach der Geschwindigkeit regeln, mit der das Zusammensinken erfolgt.

Für schwach aktive Wasser empfiehlt sich die Anwendung von 2 Litern, für stark aktive dagegen von nur $1/2$ oder $1/4$ Liter, da es sich nicht empfiehlt, mit höheren Werten als 3000 bis 4000 Volt Abfall pro Stunde zu operieren. — Für den im Wasser verbleibenden Restbetrag von Emanation ist eine Korrektur anzubringen, die sich nach dem Verhältnis der angewandten Wasser- und Luftmenge auf Grund des bekannten Absorptionskoeffizienten berechnen läßt.

Handelt es sich nur um relative Bestimmungen, so kann man bei rascher, nur ein paar Minuten in Anspruch nehmender Arbeit, die direkt beobachteten Voltverluste als Maß für die Aktivität benutzen.

Für genauere Werte wird in üblicher Weise die Korrektur für die Zerfallsprodukte vorgenommen. Diese sind nach drei Stunden im Gleichgewicht.

Macht man mehrere Bestimmungen nacheinander, wobei die beobachtete Zerstreuung zu Anfang zunimmt, so kann man auf den richtigen Anfangswert extrapolieren, ferner den Anteil der Emanation, sowie den von RaA, RaB, RaC zu jeder Zeit berechnen.

Der Apparat ist nicht hermetisch verschlossen. Dadurch, daß der kleine Stift, welcher das Elektroskop mit dem Zerstreuungskörper verbindet, nirgends berührt, ist die denkbar beste Isolation gewährleistet.

Bei Füllung mit destilliertem Wasser beträgt der Normalverlust etwa 20 bis 30 Volt pro Stunde; die Kapazität des geladenen Systems beträgt (bei eingesenktem Zylinder) 13,6 cm. Der vom Zylinder zu den Wänden der Kanne übergehende Strom läßt sich somit aus dem Potentialabfall leicht berechnen. Da der Apparat nur einen kleinen Raum einnimmt — er läßt sich mit allem Zubehör in einem Holzkasten von $47 \times 25 \times 25$ cm unterbringen —, so kann er leicht auch in abgelegenen Orten benutzt werden. Man bedarf nur eines Stuhles oder eines großen Steines, kann sogar den Apparat auf dem Erdboden aufstellen.

Hat man es mit schwachen Wassern zu tun, bei denen die Aktivität der Zerfallsprodukte nur geringe Werte annimmt, so kann man eine große Anzahl von Quellen, bis zu 12 und mehr an einem Tage untersuchen.

Bei starken Quellen empfiehlt es sich, eine oder mehrere Reservekannen zur Verfügung zu haben, um den gebrauchten Kannen Zeit zum Abklingen zu lassen.

Als Einheit für das Maß der Radioaktivität wird sehr häufig die sogenannte „Mache-Einheit“ gebraucht. Multipliziert man den Betrag des Stromes, der vom Zerstreuungskörper zur Wand der Kanne fließt, gemessen in elektrostatischen C.G.S.-Einheiten, mit Tausend, so ergibt sich die Stromstärke in Mache-Einheiten. Auf diese Art vermeidet man zu kleine Werte. So wird die Stärke einer relativ emanationsreichen Quelle, der Grabenbäckerquelle in Bad Gastein, die lange Zeit die stärkste Quelle des deutsch-österreichischen Gebietes war, in Mache-Einheiten ausgedrückt 155. Wir geben zum Vergleich eine Anzahl von Quellen wieder.

Da unter den zitierten Plätzen sich manche bekannte und beliebte Badeorte befinden, so mag diese Tabelle von Interesse sein.

Namen der Quellen	Aktivität in Mache-Einheiten	Wassermenge pro Tag cbm	Temp. °C
1. Baden-Baden.			
Büttquelle (Brunnen bei Palais Hamilton)	99,2	reguliert	22,0
Büttquelle im Emanatorium	99,2	”	22,0
Büttquelle X-Ader	99,2	12 528	23,3
Büttquelle Y-Ader (lfd. Brunnen)	28,5	2 571	23,3
Friedrichsquelle	6,8	419 873	64,0
Ursprungsquelle	4,3	125 130	64,3
Kühlquelle	3,9	33 408	56,0
Freibadquelle	10,7	12 162	61,0
Kirchenstollen	4,7	91 868	55,8
Fettquelle	5,0	66 583	63,5
Murquelle	27,7	4 408	56,8

Namen der Quellen	Aktivität in Mache-Einheiten	Wassermenge pro Tag cbm	Temp. °C
Klosterquelle	5,2	10 571	61,2
Höllgaßquelle	8,9	8 000	53,0
Neuer Stollen	3,7	12 521	56,0
Salzgrabenquelle	4,9	—	—
Quelle in der Trinkhalle	6,2	—	58,0
Marktbrunnen	1,8	—	54,0
2. Badenweiler.			
Thermalwasser aus der Tiefe des Stollens	8, 8–10 [3])	16 000	26,4

Namen der Quellen	Aktivität in Mache-Einheiten	Temperatur °C
3. Bad Griesbach.		
Badquelle	26,0	8,3
Karlsquelle	22,7	10,2
Antoniusquelle	19,4	8,1
Josephsquelle	16,4	9,4
Undinenquelle	13,0	9,7
Christian-Dollo-Quelle	13,0	9,7
Melusinenquelle	8,8	9,0
Antonsquelle	8,8	9,0
Quelle bei der Linde	3,9	—
Schremppsche Quelle	3,3	8,7
4. Bad Petersthal.		
Sophienquelle	4,3	8,9
Petersquelle	4,0	10,3

[3]) Die Schwankungen beruhen auf dem Eindringen von Wildwasser und folgen den Witterungseinflüssen.

Namen der Quellen	Aktivität in Mache-Einheiten	Temperatur °C
Robertsquelle	2,7	—
Salzquelle	inaktiv	9,7
5. Dorf Petersthal.		
Schlüsselbad (Sophienquelle)	5,9	8,9
Schlüsselbad (Adolfsquelle)	5,4	—
Stahlbad (Schmiederer)	2,0	—
6. Bad Antogast.		
Antoniusquelle	16,0	10,0
Petersquelle	7,8	10,0
Schwefelquelle	5,8	10,0
Stahlquelle	7,5	10,0
7. Bad Rippoldsau.		
Wenzelquelle	2,1	8,7
Josephsquelle	1,8	10,8
Leopoldsquelle	1,3	8,0
Badquelle	1,1	10,5
8. Bad Freyersbach.		
Gasquelle	7,4	—
Salzquelle	5,4	—
Alfredsquelle	3,6	—
Friedrichsquelle	3,2	—
Lithiumquelle	1,7	—
Süßquelle	1,7	—
9. Bad Gastein.		
Elisabethquelle	122,4	—
Franz-Josephstollen	54,6	—
Chorinskiquelle	122,0	—
Grabenbäckerquelle	155,0	—
10. Insel Ischia.		
Lacco Ameno	272,0	—

Anschließend an diese Zusammenstellung möchte ich einige Mitteilungen allgemeiner Natur über die Quellenmessung bringen.

Am wichtigsten dürfte die Frage nach dem Ursprung der Radioaktivität in den Quellen sein. Wenn auch die Thermalquellen selbst meist aus großer Tiefe stammen, so ist doch aller Wahrscheinlichkeit nach die Aufnahme radioaktiver Emanation und gelöster radioaktiver Stoffe ein in den oberen Schichten erfolgender Vorgang. Da es meist vulkanische Steine sind, die eine verhältnismäßig hohe Aktivität der aus ihnen austretenden Quellen zeigen, so darf man nicht aus der Temperatur und der thermischen Tiefenstufe auf den Ursprungsort schließen.

Die Primärquellen von hoher Aktivität treten zumeist aus verwittertem Granit aus. Die Aktivität ist im allgemeinen am größten bei Quellen auf Verwerfungsspalten im oder am Rande des älteren Gebirges, nahe von Porphyrbrüchen, im Porphyr selbst und an der Auflagerungsfläche des Oberrotliegenden auf Granit. Im Buntsandstein ist meist nur noch geringe Radioaktivität nachzuweisen. Wenn es auch nicht ausgeschlossen ist, daß einige Quellen in großer Tiefe aktiviert werden, so läßt doch der Umstand, daß sich bei ein und demselben Quellenkomplex bei ganz ähnlicher chemischer Zusammensetzung und ganz nahe zusammenliegenden Austrittsstellen sehr beträchtliche Temperaturdifferenzen zeigen, darauf schließen, daß bei gemeinsamem Ursprung in der Tiefe nach oben eine Verzweigung stattfindet. Die einzelnen Adern durchsetzen die oberen Schichten auf verschiedenen und vor allem auf verschieden langen Wegen. Dies erklärt ihre Temperaturdifferenzen. Da auch die Stärke der Aktivität der Quellen einer Gruppe sehr verschieden ist, so ist mutmaßlich die Aktivierung, wie der Vorgang der Emanationsaufnahme und der Lösung radioaktiver Stoffe kurz genannt werden möge, ebenfalls in den oberen Schichten erfolgt.

Die Temperaturfrage ist sehr wichtig. Sehr häufig zeigen die kalten Quellen eines Komplexes eine relativ hohe Aktivität (z. B. die Eisenquelle in Karlsbad, die Grabenbäckerquelle in Gastein, die Büttquelle in Baden-Baden). Gase werden von kaltem Wasser besser absorbiert als von heißem. Andererseits wird der Auslaugungs- und Lösungsvorgang bei heißen Quellen intensiver erfolgen als bei kalten, wodurch die Aktivität der Thermen als solcher sich rechtfertigt. Denn bis zu einem gewissen Grade vermögen die heißen Wasser, begünstigt durch die Druckverhältnisse und die Anwesenheit von CO_2, im Überschuß auch geringe Mengen der an sich sehr unlöslichen Primärsubstanz zu lösen. Letztere wird dann allerdings beim Austritt fast immer so gut wie ganz ausgeschieden. Auf die Art und Weise komme ich noch ausführlich zurück.

Neben der Radiumemanation findet sich fast stets nachweisbare Thoriumemanation. Auch Aktinium dürfte sich, sofern man sich die Mühe nimmt, häufig feststellen lassen. Es möge betont werden, daß die Zusammensetzung einen bestimmten lokalen Charakter bedingt, und daß somit die natürlichen Quellen stets eine gewisse Superiorität vor künstlich aktiviertem Wasser besitzen. Sonst würde es nahe liegen, an geeigneten Plätzen einen Ersatz mittels fabrikmäßig gewonnenen Radiums auszuführen.

Die Frage, ob jede Radiumemanation führende Quelle darum als Heilquelle anzusprechen sei, ist zu verneinen. Es ist bei der ungeheuren Verbreitung der Emanation fast eine Seltenheit, wenn eine Quelle keine Emanation zeigt. Quellen mit 5 bis 10 Mache-Einheiten sind in so großer Zahl vorhanden, daß sie kein Wertobjekt an sich darstellen. Es müssen eine Reihe von Bedingungen erfüllt sein, um eine nutzbringende Ausbeutung zu garantieren. Vor allem kommt es auf die Wassermenge an und darauf, ob dieselbe ungeschmälert zur Disposition ist. Auch spielt die Temperatur eine wichtige Rolle. Wenn, wie das z. B. in Wildbad i. W. der Fall ist, das Wasser gerade mit der zum Baden erwünschten Temperatur austritt und nicht weiter abgekühlt oder versetzt werden braucht, so ist das ein eminenter Vorteil, der die geringere Aktivität wettmachen kann. Im allgemeinen kann man eine Quelle von 20 Mache-Einheiten als radioaktive Quelle für Heilzwecke ansprechen; aber auch Quellen von 10 Mache-Einheiten können unter besonders günstigen Bedingungen in bezug auf Quantum, Temperatur und Fassung als solche gelten. Wenn auch die Opposition gegen die Mache-Einheit unseren vollen Beifall findet, so halten wir es doch in einer Darstellung allgemeinen Charakters für nützlich, uns derselben zu bedienen. Sie hat sich so eingebürgert, daß zurzeit noch eine Wiedergabe mit ihrer Anwendung ein bequemeres Bild gibt für die Praxis als die Reduktion auf das Curie oder dessen Unterteilungen, oder die Milligramm-Minute. Was die Messung angeht, so möchte ich einige ständig wiederkehrende Einwände gegen den Engler-Sievekingschen Apparat widerlegen. Daß die Ionisierungskammer offen ist, bedingt bei der unübertroffenen Luftisolation einen so erheblichen Gewinn, daß ein eventueller Diffusionsverlust dagegen nicht in Rechnung kommt. Wie manche Aktivität ist durch mangelhafte Isolation vorgetäuscht worden, sobald der Bernstein feucht geworden war. Bei den geringen tatsächlich vorhandenen Emanationsmengen ist deren Partialdruck so gering, daß die Diffusionszeit unendlich groß wird, wozu noch das hohe Molekulargewicht der Emanation kommt. Direkte Versuche, bei denen ein auf der Achse des Fontaktoskops verschiebbarer Bernsteinstopfen nach Belieben die Kammer verschließen konnte, haben die Richtigkeit meiner Behauptung bewiesen. Man bedenke ferner, daß die Prüfung einer Quelle in der Praxis doch immer in der Weise erfolgt, daß man erst eine approximative Messung ausführt, und dann bei den wichtigeren Quellen in aller Muße und mit jeder Genauigkeit später den Gehalt bestimmt. Dann kann man auch in aller Ruhe das Gleichgewicht der rasch verklingenden Zerfallsprodukte abwarten, was bei der primären Bestimmung nicht notwendig ist.

Was die Sedimente angeht, so scheidet sich das Radium in zahlreichen Fällen als Sulfat aus. Dabei ist dann stets Bariumsulfat der Begleiter. Sehr interessant sind die von Herrn Dr. Knett beobachteten stark radiumhaltigen Schwerspatkristalle, die sich auf den Wandungen einer vom Karlsbader Thermalwasser durchströmten Spalte abgesetzt haben. Oder es treten Karbonate auf, wie z. B. in Kreuznach. Sehr interessant ist auch die von Engler gemachte Wahrnehmung, daß das Radium aus Lösungen mit niedergeschlagenem Mangansuperoxyd ausfällt, was entweder auf eine Manganitbildung zurückzuführen ist, oder aber auch ein kolloidaler Niederschlagsvorgang sein kann, analog den interessanten Beobachtungen Eblers, der bekanntlich ein neues Verfahren zur Abscheidung des Radiums hierauf begründet hat.

Ausführlich hat C. Engler diese Frage im 4. Heft der Zeitschrift Radium in Biologie und Heilkunde behandelt. Auf diese Abhandlung sei hiermit verwiesen. Ich entnehme ihr ebenfalls eine interessante Berechnung: Radioaktive Quellen mit 15 bis 20 Mache-Einheiten sind im Schwarzwald durchaus keine Seltenheit. Berechnet man den ungefähren Granitgehalt des ganzen Gebirges und nimmt man einen mittleren Gehalt von Uranerzen, sowie darin von Radium an, so kommt man zu dem Schluß, daß etwa 20 000 kg Radium im Schwarzwald verborgen liegen. Leider ist es nicht möglich, eine chemische Aufschließung des Gebirges durchzuführen, so daß diese Schätze noch ungehoben bleiben werden.

Die auf Anregung von Engler unternommenen Fahndungen auf Uran sind erfolgreich gewesen. Nachzuweisen waren an einer ganzen Reihe von Stellen uranhaltige Mineralien, unter diesen vor allem schön smaragdgrüner Kupferuranit, ferner grünlichgelber Kalkuranit und endlich Uranocker. Da beim Zerfall der Emanation sich Helium bildet, so findet sich letzteres in den Gasen, die von den Quellen mitgeführt werden, angereichert vor. Ich habe hierüber zusammen mit Herrn Dr. Lautenschläger eingehende Messungen gemacht.

Man isoliert das Helium in der Weise, daß man alle anderen Bestandteile außer den Edelgasen chemisch bindet durch Verbrennung oder Absorption. Von den anderen Edelgasen trennt man es durch Ausfrieren in flüssiger Luft. Der Gehalt an Helium erreicht teilweise sehr hohe Werte. So fand Moureu in Frankreich zwischen 5 und 10 Volumprozenten dieses seltenen Gases.

Die Frage, wieweit der Zusammenhang zwischen Radioaktivität und Heilkraft als bewiesen gelten darf, tritt naturgemäß sehr oft auf. Seit Liebig im Gasteiner Wasser, dessen Neutralität er leicht erkannte, etwas Elektrisches vermutete, da es ihm wider Erwarten Linderung brachte, ist keine bessere Lösung des Brunnenproblems erbracht. Die Kurmittel eines schönen Badeortes, seine Luft, veränderte Umgebung, Ausspannung, heiße Bäder, alles das mag auch ohne Radium heilbringend wirken. Immerhin ist die Radiumemanation ein sehr aktives Agens, und sicher auch noch in großen Verdünnungen wirksam. Wenn erst mehr Erfahrungen mit den neuesten Errungenschaften, den Emanatorien, in denen die Quellgase und die Emanation eingeatmet werden, gemacht worden sind, dann wird diese Frage spruchreif sein.

Zum Schluß unserer Betrachtungen wollen wir noch einen kurzen Überblick über die Verbreitung radioaktiver Substanzen, über ihre

Ausbeutung und ihren derzeitigen Preis werfen. Wenn auch das Radium eine sehr große Verbreitung besitzt, derart, daß es sich überall nachweisen läßt nach dem erwähnten Verfahren von Elster und Geitel, sowie auch mit irgend einem gut funktionierenden Elektroskop, so sind doch die Stellen, an denen es so weit angereichert ist, daß sich der Abbau lohnt, nur sehr vereinzelt. An erster Stelle sind hier die böhmischen und die sächsischen Bergwerke zu nennen. Auf die Pechblende, die früher als wertlos auf die Halden geworfen wurde, ist jetzt ein Regierungsmonopol gelegt, so daß es sehr schwierig ist, welche zu bekommen und der Preis eines Stückes von etwa 1 kg an 100 ℳ beträgt.

Nachrichten von anderen Fundstätten treten sehr häufig auf, sind aber mit Vorsicht aufzunehmen. So sollen im Ural sehr hoch radioaktive Gesteine gefunden sein. Die Bergwerke von Cornwallis, ferner einige Fundstätten in Portugal dürften noch Erwähnung verdienen.

Was die allgemeine Verbreitung angeht, so liegt die Sache ähnlich wie mit dem im Meerwasser enthaltenen Gold. Man hat ausgerechnet, daß sich im Ozean so viel Gold finden ließe, als nötig wäre, um jeden Erdenbürger zum reichen Mann zu machen; doch ist dabei nicht in Rechnung gezogen, daß die Kosten der Herstellung den Preis ins Ungemessene steigern würden. Die jährliche Produktion von Radium beläuft sich der Größenordnung nach auf ein bis einige Gramme. Der Preis liegt etwa bei 400 bis 500 ℳ pro Milligramm, wenn ganz reines Radiumsalz gefordert wird. Radiumhaltiges Barium aus einer früheren Kristallisation ist natürlich sowohl absolut als auch relativ billiger.

Man hat ausgerechnet, daß der Gesamtgehalt der Erde an Radium so groß ist, daß die Erdwärme einen beträchtlichen Zuwachs erfährt, wodurch die Abkühlungsgeschwindigkeit verlangsamt werden muß. So wird die Frage nach dem Alter der Erde in ein neues Licht gerückt. Es bestand hier eine Unstimmigkeit zwischen den Geologen und den Physikern.

Nach der neueren Auffassung dürfte das Alter der Erde wesentlich höher sein, als man aus den bisherigen thermischen Überlegungen abgeleitet hatte. Auch auf der Sonne findet sich wahrscheinlich Radium. Die Gegenwart von Helium, die auf der Sonne zuerst erkannt wurde, läßt die Anwesenheit von Radium jedenfalls als wahrscheinlich gelten. Die von der Sonne emittierte Wärmemenge ist bekannt. Man berechnet sie aus der Solarkonstanten. Sie beträgt 430 Kal. pro Stunde und Kubikmeter. Um diesen Betrag zu decken, müßte etwa achtmal mehr Radium auf der Sonne enthalten sein, als dem Gleichgewicht mit Uran entspräche. Also selbst, wenn die Sonne ganz aus Uran bestände, so wäre die Energie noch wesentlich kleiner als die tatsächlich beobachtete.

Zur Produktion der Erdwärme würde ein mittlerer Gehalt von 2 durch 10 Billionen Gramm im Kubikzentimeter genügen. Die tatsächlich vorhandenen Mengen sind größer. Dazu kommen noch die thoriumhaltigen Gesteine, die ebenfalls Energie liefern. Der Gehalt an Thorium in der Erdkruste ist wesentlich größer als der an Radium.

Wir sind am Schlusse unserer Betrachtungen über die Radioaktivität angelangt. Wohl noch nie hat sich ein neues Gebiet so beispiellos schnell entwickelt. Auch gibt es keinen anderen Fall einer so raschen Vermehrung von fundamentalen Begriffen und Erscheinungen. Man hat das Radium mit Recht den Revolutionär in der Chemie genannt. Freilich verdient es diesen Namen nur in gutem Sinne. Es hat viel Neues gebracht. Aber an den Grundanschauungen hat es nur scheinbar gerüttelt. Das Prinzip von der Erhaltung der Energie geht siegreich aus allen Anfechtungen hervor. Man könnte zur Erklärung der radioaktiven Prozesse ein bekanntes Wort ein wenig umformen und sagen: Langsamkeit ist keine Hexerei.

Größe und Zahl der Moleküle.

Nicht nur der Hauptreiz der neuartigen Erscheinungen, deren Behandlung den Inhalt des letzten Vortrages bildete, sondern auch der Hauptnutzen liegt in dem Einblick in die Mikrowelt der Atome. Die Hypothesen von der atomistischen Struktur der Materie werden durch die Radioaktivität aus dem Dunkel der Spekulation in das helle Licht fast absoluter Gewißheit gerückt. Der Abbau des Radiums, der Zerfall der Emanation war verknüpft mit der Loslösung von Atomen, von Stoffmengen gleicher Größe, wie sie bei den chemischen Reaktionen als kleinstes selbständiges Kontingent in Aktion treten.

Die dem Chemiker wohl vertraute Atomtheorie geht bekanntlich zurück auf Dalton; von den geistreichen Spekulationen der alten Philosophen, von denen Lucrez den meisten Anspruch auf Modernität machen könnte, sehen wir ab. Daß man bei immer weiterer Teilung — weit hinaus über das experimentell Mögliche — schließlich an eine Grenze kommt, wo eine weitere Teilung nicht mehr möglich ist, ohne den Begriff des teilbaren Objekts zu vernichten, ist ohne weiteres einleuchtend. Das Wertvolle ist eben die Bestimmung dieser Grenze, mit anderen Worten die Festsetzung der Größe der Atome. Dafür, daß die Teilung bis sehr weit getrieben werden kann, sind die starken Riechstoffe ein beliebtes Beispiel, ebenso die gelösten oder suspendierten Farbstoffe. Die kleinsten Mengen, die die normalen Sinne des Menschen noch wahrnehmen, sind nach Schätzungen in diesen Fällen ganz außerordentlich klein. Wenn man bedenkt, daß große Räume vom Geruch von Moschus oder Seife erfüllt werden, ohne daß sich die geringste Abnahme des Gewichtes konstatieren läßt, so kann man sich einen Begriff von der geringen Menge machen, die auf den menschlichen Geruchssinn in genau der gleichen Weise wirkt, wie der ursprüngliche Stoff, somit noch aus diesem besteht.

Auch Vorstellungen ganz anderer Art lassen es als notwendig erscheinen, eine Grenze anzunehmen, bei der die Individualität eines Stoffes entweder aufhört oder beginnt. Zwei Platinbleche, in verdünnte Schwefelsäure getaucht, geben keinen elektrischen Strom. Überzieht man aber das eine Blech galvanisch mit einem Kupferüberzug, so liefert es in der früheren Kombination einen Strom. Aus den Gesetzen der Elektrolyse lassen sich die in der Sekunde durch einen Strom von bekannter Stärke niedergeschlagenen Mengen berechnen. Läßt man den Strom nur einen Bruchteil einer Sekunde wirken, so wird die Schicht nur mikroskopische Dicke haben. Wählt man den Strom noch schwächer und die Zeit noch kürzer, so muß man schließlich an eine Grenze kommen, unterhalb derer kein Überzug mehr zustande kommt. Man kann sich das so denken, als ob dann nicht mehr ein Atom neben dem anderen liege, somit keine Schicht mehr gebildet sei. Ganz ähnlich liegt der Fall bei der Kathodenzerstäubung. Man kann eine Elektrode mit einem metallischen Überzug überziehen, wenn man sie mit Kathodenstrahlen bestrahlt, die ihren Ursprung aus einer Platte des Metalles nehmen, aus dem der Überzug bestehen soll. Hier werden die einzelnen Atome wieder eines neben dem anderen auf einer Platte eines anderen Stoffes niedergeschlagen. Selbständigen Charakter nimmt eine Schicht wiederum dann an, wenn die Dicke den Minimalwert erreicht hat. Bleibt man darunter, d. h. unterbricht man den Prozeß früher, so ist die Schicht nicht fertig.

Sowohl bei der Elektrolyse, wie bei der Kathodenzerstäubung entstand ein kompakter metallischer Körper. Geht der Prozeß genügend lange vonstatten, so lassen sich auf diesem Wege ganze Platten herstellen, die von der Basis abgetrennt werden können. Die einzelnen Atome scheinen fest aneinander zu haften. Sie besitzen eine ausgeprägte Kohäsion. Die Atome eines flüssigen Körpers tun das nicht. So bedarf es keiner Kraft, um die Atome des Quecksilbers gegeneinander zu verschieben. Bei den gasförmigen Körpern ist sogar ein Bestreben vorhanden, sich auszudehnen. Die einzelnen Atome suchen sich voneinander zu trennen. Die Folge ist die bekannte Erscheinung, daß ein Gas jeden Raum einnimmt, der ihm geboten wird. Darin liegt ein Vorzug. Die Erscheinungen gestalten sich einfacher und dem Studium zugänglicher. So ist es zu erklären, daß wir die Kenntnisse der tatsächlichen Verhältnisse der atomistischen Vorgänge aus den Untersuchungen an Gasen hervorgehen sehen.

Die Bestimmung der relativen Größen der Atomgewichte ist eine Aufgabe der analytischen Chemie. Die Bestimmung der absoluten Größe eines Atomes sowie der Anzahl, die in der Gewichts- oder Volumeinheit enthalten ist, bildet ein auf den ersten Blick sehr schwieriges Problem. Die Vorgänge der Radioaktivität haben uns hier sichere Anhaltepunkte gegeben. Seitdem es gelungen ist, die Menge der Teilchen zu zählen oder die Menge des entstehenden Heliums zu messen, seitdem endlich die Bestimmungen der Größe e/m, sowie der Größe e mit sehr großer Genauigkeit (der Millikansche Wert $e = 4,774 \,.\, 10^{-10}$ beansprucht eine Genauigkeit auf 1 Proz.) ausgeführt sind, lassen sich die Fundamentalgrößen der Atomtheorie mit absoluter Sicherheit angeben. Daß dabei die Resultate früherer Forschungen, die von allen diesen Dingen noch nichts wußten, bestätigt wurden, ist ein Beweis für die Berechtigung dieser Spekulationen, unter denen die sogenannte kinetische Gastheorie den ersten Platz einnimmt. Darüber nur ein paar Worte. Die einzelnen Atome oder Moleküle eines Gases sind nach den Anschauungen der kinetischen Gastheorie in steter heftiger Bewegung begriffen. Sie besitzen eine mittlere Geschwindigkeit, die sich leicht aus dem Gasdruck berechnen läßt, insofern letzterer sich durch die Formel:

$$p = \tfrac{1}{3} N \,.\, m \,.\, c^2$$

darstellen läßt. Hierin bedeutet N die Zahl der Moleküle in der Volumeinheit, m die Masse eines einzelnen, endlich c die mittlere Geschwindigkeit, die je nach der Natur des Gases Werte von etwa 500 bis 1800 m in der Sekunde annimmt. Aus dieser Grundannahme, zu der noch die weitere sich gesellt, daß die Temperatur proportional dem Quadrat der Geschwindigkeit ist, lassen sich zwanglos die Fundamentalgesetze der Gase, die Avogadrosche Regel, das Boyle-Mariottesche und das Gay-Lussacsche Gesetz ableiten.

Die kinetische Gastheorie liefert zum erstenmal einen Wert sowohl für die Zahl N als für die Größe eines einzelnen Moleküls. Sie geht aus von der Bestimmung der mittleren freien Weglänge, d. h. der Strecke, die ein Molekül im Mittel durchläuft, bis es mit einem anderen kollidiert. Zur Bestimmung dieser Größe ist die Kenntnis der inneren Reibung des Gases notwendig, eine Zahl, die z. B. aus dem bereits mehrfach zitierten Stokesschen Gesetz abgeleitet werden kann. Da die Zahl N zum erstenmal von Loschschmidt berechnet worden ist, so nennt man sie meist die Loschschmidtsche Zahl. Die Zahl der Moleküle im Mol nennt man meist die Avogadrosche Zahl. Bezeichnen wir diese mit N', so ist nach dem zweiten Faradayschen Gesetz:

$$N' \,.\, e = 96\,540 \text{ Coulomb} \quad \text{oder} \quad 2,9 \,.\, 10^{14}\, e.s.e.$$

Setzen wir für e den Wert $4,7 \,.\, 10^{-10}$, so berechnet sich

$$N' = 6,0 \,.\, 10^{23}.$$

Wir wollen einen kurzen Überblick über die wichtigsten Methoden werfen, die zur Bestimmung dieser wichtigen Größe dienen. Es sind bereits mehr als 20, wir können darum einige nur ganz kurz berühren;

andere können wir bereits als bekannt voraussetzen, insofern sie in früheren Vorträgen behandelt worden sind; endlich werden einige uns noch einmal in späteren Vorträgen beschäftigen.

Um eine Vorstellung von der Vielseitigkeit des Problemes zu gewinnen, wollen wir einen raschen Blick auf die verschiedenen Methoden werfen, deren Ziel die Bestimmung der Daten der letzten Gleichung ist.

Ganz analog den Vorgängen in Gasen sind die Bewegungsvorgänge in Suspensionen. Die Bewegung der kleinsten suspendierten Teilchen, die nach ihrem Entdecker Brownsche Bewegung heißt, erfolgt durch den Anstoß der Moleküle und führt zu einer Zählung. Auch die Diffusionsvorgänge sind ähnlicher Natur. Das gelöste Molekül wird getrieben durch den osmotischen Druck und erlangt eine Geschwindigkeit, die wieder durch das Stokessche Gesetz gegeben ist. Oder man betrachtet das elektrolytische Ion, das den elektrischen Kraftlinien folgt, und bestimmt seine Geschwindigkeit.

Ganz anderen Gebieten entstammt die Bestimmung von Rayleigh aus dem Blau des Himmels. Bekanntlich erklärt sich die blaue Farbe des Himmels dadurch, daß die Zerstreuung des Sonnenlichtes an den kleinsten reflektierenden Partikeln das kurzwellige Licht bevorzugt. So enthält die Formel für die Extinktion des Lichtes durch die Atmosphäre die vierte Potenz der Wellenlänge neben der Anzahl der Moleküle im Kubikzentimeter. Daß auch die Strahlungsgesetze einen Wert für e und somit für N liefern, sei später ausführlich besprochen. Mit wenigen Worten weisen wir auf die eingehend besprochenen Vorgänge der Elektrolyse hin. Sie liefern, da dem Faradayschen Gesetze zufolge jedes einwertige Atom mit dem Elementarquantum der Elektrizität verbunden ist, ein Mittel, auf Grund der Kenntnis dieses letzteren die Moleküle zu zählen.

Die Bestimmung aus den Erscheinungen in der Braunschen Röhre, aus den Kanalstrahlen, haben wir bereits ausführlich besprochen, desgleichen die radioaktiven Zerfallserscheinungen, die Wärmeentwickelung, die Heliumerzeugung, die Lebensdauer der radioaktiven Stoffe. Aus allen diesen Erscheinungen lassen sich unabhängige Werte der Avogadroschen Zahl ableiten. Es ist eine in hohem Grade befriedigende Übereinstimmung zu verzeichnen, wie verschieden auch die Wege geartet sind, die zum gleichen Ziele führen. Wir wollen zum Beweis einige Werte zusammenstellen:

Name	Methode	Wert für e	Wert für N
Regener	Szintillation	$4{,}79 \cdot 10^{-10}$	$6{,}0 \cdot 10^{23}$
Rutherford & Geiger	Zählung der Teile	4,65	6,2
Planck	Strahlung	4,69	6,2
Perrin	Suspensionen	4,24	6,8
Svedberg	Brownsche Bewegung	4,64	6,2
J. J. Thomson	Kondensation	4,67	6,2
Millikan	Zerstäubung	4,77	6,0
Rayleigh	Himmelsblau	—	9–15

In der Übereinstimmung, welche sich zwischen diesen Zahlen zeigt, obwohl sie auf ganz verschiedene Weise und auf vollkommen getrennten Gebieten der Physik gewonnen wurden, dürfen wir wohl den schönsten Beweis für die Richtigkeit der Annahmen erblicken, die die kinetische Theorie der Gase bilden. Der absolute Wert für den Durchmesser einer Gasmolekel mag von Interesse sein, man findet für Luft $0{,}5 \cdot 10^{-6}$ cm. Es ist demnach der Durchmesser einer Molekel eine Größe, deren Ordnung durch einige Zehnmilliontel eines Millimeters bestimmt wird. Die Anzahl pro Volumeinheit, ferner das Gewicht einer einzelnen Molekel lassen sich danach ohne Schwierigkeit berechnen.

Es liegt nun nahe, zu fragen, wie weit die Leistungsfähigkeit der modernen Mikroskope erweitert werden müßte, um die Moleküle direkt sichtbar zu machen. Auf den ersten Blick erkennt man, daß infolge der Beugung der Lichtwellen an Objekten, die von der gleichen Größenordnung sind, die Anwendung gewöhnlichen Lichtes zu diesem Zwecke sich von selbst verbietet. Bei Verwendung von Licht der Wellenlänge $0{,}4\,\mu$ liegt die Grenze der Auflösung des Mikroskopes bei $1/4000$ mm; durch schiefe Beleuchtung kann sie noch etwas erweitert werden. Über die Grenze der direkten Sichtbarkeit hinaus würde die photographische Platte noch eine Ausdehnung gestatten. Immerhin sind wir weit entfernt von der Möglichkeit, eine molekulare Struktur aufzulösen. Die Beugung, die das Licht erfährt, bietet für die Mikroskopie freilich eine unübersteigbare Schranke, zugleich aber eine Brücke, die zu einem ganz neuen Gebiete führt, dem mit dem Ultramikroskop erschlossenen. Siedentopf und Zsigmondy sind die Entdecker dieser neuen Methode, die hier kurz besprochen werden soll. Den Ausgangspunkt ihrer Arbeit bilden gefärbte Rubingläser, die, nach der gewöhnlichen mikroskopischen Methode untersucht, keine Spur von einer Trübung erkennen ließen. Verzichtet man aber auf die ähnliche Abbildung und betrachtet statt der Bilder, die diese liefert, die Beugungsbilder, so gewinnt man Aufschlüsse über Teilchen, die man nicht direkt wahrnimmt, die aber mit ihren Beugungsbildern in einem natürlichen Zusammenhang stehen. So gelingt es, noch Teilchen wahrzunehmen, deren Größe $4 \,.\, 10^{-6}$ mm beträgt, vorausgesetzt, daß sie mehr als $4 \,.\, 10^{-5}$ mm auseinander liegen. Die Teilchen, deren Beugungsbilder untersucht werden sollen, müssen intensiv beleuchtet werden. Das Wesentliche der neuen Methode ist in der Anordnung der zwei Hauptrichtungen zu suchen. Diese, nämlich die Richtung der Beleuchtung und die der Beobachtung, stehen aufeinander senkrecht (vgl. Fig. 12). So ist die Methode eigentlich eine Weiterbildung der früheren Dunkelfeldbeleuchtung. Dringen Sonnenstrahlen durch einen Spalt in einen verdunkelten Raum, und schaut das Auge angenähert senkrecht zur Strahlenrichtung, so erblickt es die vorher unsichtbaren Staubteilchen, die frei schweben. Wird die Beleuchtung durch einen Kondensor, die Beobachtung durch ein Mikroskopsystem verstärkt, so hat man im Prinzip das neue Instrument. Als Lichtquelle dient die Sonne. Ihre Strahlen fallen durch eine Irisblende in den dunkeln Beobachtungsraum. Dort treffen sie auf ein Fernrohrobjektiv, dann folgt auf einer optischen Bank ein Spalt mit Mikrometerschraube, ein Nichol, eine weitere Irisblende, eine gewöhnliche Blende, ein zweites Fernrohrobjektiv, das den Spalt in der Bildebene des Kondensors abbildet, und endlich das Beobachtungsmikroskop. Letzteres ist in der Fig. 13 abgebildet. Das Bild, das man im Okular beobachtet, hat das Aussehen, wie es Fig. 14 zeigt. Die Breite des Kegels entspricht der Höhe des Spaltes, seine Tiefe der Breite des letzteren. Innerhalb des Kegels erblickt man die Beugungsscheibchen, die von den schwebenden

Fig. 12.

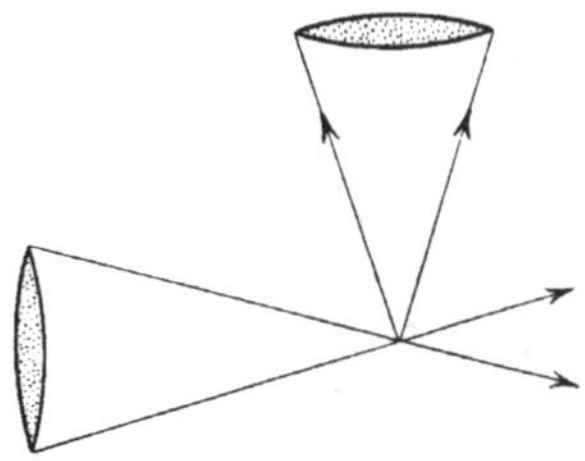

Fig. 14.

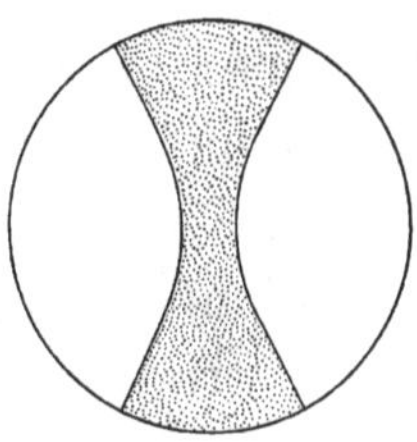

Fig. 13.

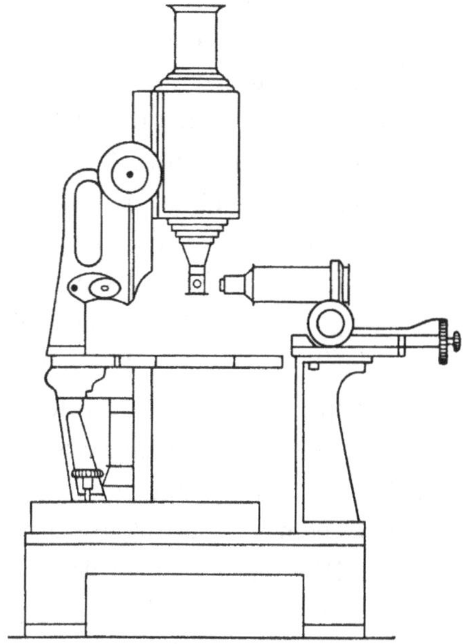

oder bewegten Teilchen erzeugt werden. Es läßt sich berechnen, daß es nicht gelingen wird, selbst nicht bei intensivster Beleuchtung, einzelne Diskontinuitäten von der Größenordnung der mittleren Moleküle (etwa $0,6\,\mu\mu$) für das Auge sichtbar zu machen. Doch ist es möglich, größere Molekülkomplexe (Eiweiß oder Kartoffelstärke) sichtbar zu machen. Die Hauptanwendung des neuen Instrumentes besteht in der Sichtbarmachung kolloidaler Teilchen, die den Lösungsmitteln oder dem Glase eine charakteristische Färbung verleihen; ferner der schwebenden Teilchen, die wir bei den Millikanschen Versuchen erwähnten, auch sonst ist das Anwendungsfeld natürlich sehr ausgedehnt. Wenn man auch den Bazillus hier nicht selbst zu sehen bekommt, so gibt doch sein Ultrabild genauen Aufschluß über seine Bewegung, vielleicht auch über seinen Tod, wenn die Bewegung verschwindet. Bei der großen Bedeutung, die die Kolloide im menschlichen Organismus und auch sonst in der Chemie zu spielen scheinen, ist es ungemein wertvoll, daß sich hier ein neuer Weg öffnet, ihnen näher zu kommen.

Wenn es auch nicht gelungen ist, die Moleküle selbst sichtbar zu machen, so kann man doch auch sie indirekt sichtbar machen, freilich auf einem ganz anderen Wege. Die schon mehrfach erwähnte Fähigkeit, als Kondensationskerne für übersättigten Wasserdampf zu dienen, läßt an den Elektronen, d. h. an den durch irgend einen Ionisator zerspaltenen Molekeln, sich ein feines Tröpfchen angliedern. Es ist Wilson gelungen, die Bahnen solcher Tröpfchen zu photographieren. Man muß sie nur unmittelbar nach ihrer Entstehung im Bilde festhalten. Wilson hat ein Verfahren ausgearbeitet, sie mit dem sehr kurze Zeit dauernden Licht der elektrischen Funkenentladung zu photographieren. Benutzt man als Ionisierungsquelle ein Körnchen Radium, so zeichnen sich die Bahnen der α-Teilchen in einer geraden Linie ab. Wendet man Röntgenstrahlen an, so werden die Bahnen viel verschlungener. Auch die Ionisierung durch die β-Strahlen liefert ein typisches Bild. Die Wilsonschen Bilder haben berechtigtes Aufsehen hervorgerufen und sind in zahlreichen wissenschaftlichen und populären Zeitschriften reproduziert worden. Es mag eine gewisse Befriedigung darin liegen, daß wir auf diese Art doch die Moleküle gewissermaßen sehen können. Wir wollen hier vorwegnehmen, daß es ungefähr zur gleichen Zeit gelungen ist, die Molekülstruktur von Kristallen sichtbar zu machen durch Photographie mittels Röntgenstrahlen. Verbannt man das sichtbare Licht mit seinen groben Wellen und wählt man statt dessen die Schwingungen der X-Strahlen, die etwa 10 000 mal feiner sind, so kann man wiederum von der Beugung Gebrauch machen und die vom Raumgitter der Kristalle hervorgerufene Interferenz photographisch festhalten. Diese schöne Entdeckung Laues werden wir noch ausführlich besprechen anläßlich der Mitteilungen über die Röntgenstrahlen.

Die Einblicke, die wir in die Molekularwelt gewonnen haben, sind geeignet, auch den skeptischen Gegner der Theorie davon zu überzeugen, daß wir in der Welt des unendlich Kleinen sicheren Fuß gefaßt haben. Die Spekulationen haben eine glänzende Bestätigung gefunden. Vom Atom und vom Elektron wissen wir jetzt mit Sicherheit so viele unumstößliche Wahrheiten, daß die atomistische Auffassung als gesicherter Besitz für alle Zeiten gelten darf.

Die Röntgenstrahlen.

Wir betreten heute ein Gebiet der modernen Physik, dessen Entwickelung einen ganz anderen Anblick darstellt als es sonst meist der Fall ist. Die eminente technische und praktische Bedeutung der Röntgenstrahlen, die auch dem ganz Fernstehenden einleuchtet, hat es im Gefolge gehabt, daß sich dieser Zweig technisch und praktisch beispiellos rasch entwickelte, ohne daß die Fortschritte in der theoretischen Erkenntnis damit Schritt zu halten vermochten. Es liegt gerade der umgekehrte Fall vor, wie bei der Tochterwissenschaft dieser Entdeckung, der Radioaktivität. Als solche dürfen wir letztere wohl bezeichnen, denn, wie wir berichteten, wurde Becquerel durch die Röntgensche Entdeckung zu seinen Untersuchungen über die Uranstrahlung angeregt. Sehen wir von der Radiumtherapie ab, so ist der praktische Nutzen des Radiums wohl einstweilen ein ganz minimaler. Die Leuchtwirkungen, die ein Ablesen von Uhren und Kompassen im Dunkeln gestatten, vielleicht die Zerstreuung elektrischer Ladungen, damit ist aber dann auch wohl das Gebiet geschlossen. Unvergleichlich aber sind die Erfolge der Theorie. Was wir alles vom Radium gelernt haben, das zu erörtern war ja der Zweck mehrerer Vorträge. Der Nutzen für die Chemie, die Physik, die Grenzgebiete, endlich für die Geologie, wird das Radium stets in die erste Reihe der Erscheinungen stellen, denen wir eine hervorragende Erweiterung unserer Kenntnisse verdanken. Ganz anders liegt oder besser lag bis vor kurzem der Fall bei den Röntgenstrahlen. Seitdem es möglich war, mittels der Röntgenröhre das Innere des Menschen zu durchleuchten, die Bewegungen der inneren Organe zu sehen und zu photographieren, war ja ein alter Traum erfüllt. Dem Arzte erschien der Organismus durchsichtig wie Glas; nicht nur die Knochen hoben sich scharf ab von den Weichteilen, man erkannte sogar ihre feinere Struktur; Veränderungen des Herzens, abnorme Bewegungen traten deutlich und scharf, selbst dem Laien erkenntlich, zutage. Adern, die mit metallischen Lösungen injiziert wurden, lieferten Photographien, die ein viel feineres Bild ergaben als die sorgfältigste Präparierkunst des Anatomen zuwege brachte. Immer mächtiger wurden die neuen Lampen, die das seltsame grünliche Licht ausstrahlten, das immer durchdringender wurde. Mußte man anfangs stundenlang exponieren, so gelang es jetzt, Momentbilder zu machen. So große Energiemengen wurden umgesetzt, daß die Elektroden gekühlt werden mußten, daß dicke Bleischirme den Arzt vor der verbrennenden Wirkung der Strahlen schirmen mußten. Die Ausstellungen, die mit den ärztlichen Kongressen gewöhnlich verbunden sind, geben Gelegenheit, sich von diesen Fortschritten der Röntgentechnik zu überzeugen. Hand in Hand damit geht die Entwickelung des Baues von Induktoren, die immer größer, immer leistungsfähiger gebaut werden. Funkenlängen, die 1 m überschreiten, werden mit Hilfe der neuen Unterbrecher erzielt; kurz, die Technik der Röntgenstrahlen ist in den 20 Jahren, die seit der Entdeckung bald verstrichen sind, ganz erstaunlich ausgebildet. Der Grund ist naheliegend, fast selbstverständlich. Wo nun das Praktische so im Vordergrunde steht, da tritt die Theorie meist zurück. Hier erwies sich die Materie sogar als besonders spröde. Fast alle Erscheinungen, die aufklärend wirken konnten, waren vom Entdecker selbst bereits beobachtet worden.

So die Wirkung auf die photographische Platte und den Fluoreszenzschirm, die Durchdringungsfähigkeit in ihrer Beziehung zur Dichte der durchstrahlten Substanz, die ionisierende Wirkung, die geradlinige Ausbreitung, das Ausbleiben von Reflexions-, Brechungs- und Beugungserscheinungen, endlich das Entstehen sekundärer Strahlen. So war eigentlich nicht mehr viel zu tun und die nächsten wichtigen Arbeiten auf diesem Gebiete brachten eigentlich nur Bestätigungen, des bereits beobachteten Materials. Es lag nahe, die verfeinerten Hilfsmittel der Technik an dem Punkte ansetzen zu lassen, der bei den Radiumstrahlen den Angriffspunkt geliefert hatte. War die neue Strahlung gleich jener eine Elektronenstrahlung, so mußte sie im Magnetfeld die charakteristische Ablenkung zeigen. Alle Versuche indes, die Strahlen magnetisch abzulenken, hatten ein negatives Resultat. Selbst die stärksten Felder ergaben bei den Walterschen Versuchen kein positives Ergebnis. Vielleicht lag eine Wellenschwingung vor; es konnten dann Beugungserscheinungen auftreten, wenn es möglich war, die bei den sichtbaren Lichtwellen übliche Interferenzmethode so zu verfeinern, daß die jedenfalls viel kleineren Wellenlängen auf ein Hindernis stießen, das sie zu Gangunterschieden veranlaßte. Auch hierüber hat Walter, der bekanntlich auch für die Entwickelung der Technik der Röntgenstrahlen bahnbrechend gewesen ist, sehr sorgfältige Versuche angestellt.

Fig. 15.

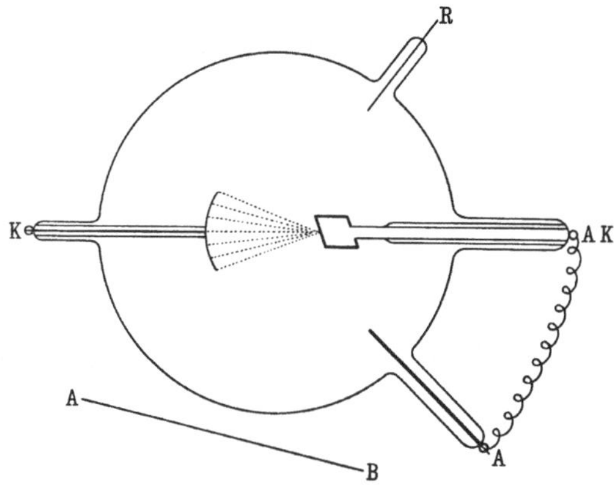

Die Versuche von Haga und Wind, die ein positives Beugungsergebnis geliefert hatten, ließen sich nach Walter und Pohl nicht aufrecht erhalten. Die von ersteren beobachtete Verbreiterung ist lediglich auf eine optische Täuschung zurückzuführen. Erst eine neue Methode der Ausmessung der Photogramme nach einem von persönlichen Fehlern unabhängigen Verfahren konnte hier entscheiden. Das Resultat war das, daß eine Beugung zwar sehr wahrscheinlich, aber nicht zur Evidenz zu erweisen war. So durfte man auch nicht von einer Wellenlänge sprechen. Es konnte sich ja auch um einen periodisch wiederholten Impuls handeln; in einem solchen Falle tritt an die Stelle der Wellenlänge oder der während der Schwingungsdauer zurückgelegten Weglänge die sogenannte Impulsbreite. Man konnte eine obere Grenze dafür aus den Versuchen von Walter und Pohl ableiten und fand den Wert 4.10^{-9} cm.

Die Röntgenstrahlen treten auf, wenn Kathodenstrahlen sehr rasch gebremst werden. Das ist z. B. der Fall, wenn in nicht zu großem Abstand von der Kathode eines Vakuumrohres eine metallische Platte angebracht wird, auf die das Bündel Kathodenstrahlen mit voller Wucht aufprallt. Fig. 15. Der normale Typus einer Röntgenröhre zeigt eine hohlspiegelförmige Kathode aus Aluminium K, eine Anode A aus dem gleichen Metall, eine Antikathode AK, die aus einem massiven Kupferblock mit Platinüberzug besteht, und einer Reguliervorrichtung R aus Palladium. Ein Teil der Kathodenstrahlen wird beim Auftreffen auf die Antikathode in Wärme umgesetzt, die so hohe Werte annehmen kann, daß die Antikathode glühend wird, ein anderer Teil aber setzt seine Energie in die neue Form der Strahlung um. Es leuchtet ein, daß die rasch bewegten Elektronen nicht momentan ihre ganze Geschwindigkeit verlieren, sondern daß sie in das Atomgefüge der Gegenelektrode bis zu einer gewissen Tiefe eindringen, dort auf den verschiedensten Wegen zickzackförmig gebremst werden und so allmählich ihre Geschwindigkeit verlieren. Daher ist die Emission der neuen Strahlung nicht homogen. Nur ein kleiner Bruchteil der Strahlung kann als homogen bezeichnet werden; man kann diesen Teil durch geeignete Filter von dem anderen viel größeren trennen. Für die Theorie ist die homogene Strahlung natürlich die wesentlichere.

Die Kathodenstrahlen stellen rasch bewegte negative Elektronen dar. Wird ihre Geschwindigkeit plötzlich geändert, so entsteht ein Energieimpuls; es ist dabei nicht nötig, daß die Geschwindigkeit unmittelbar auf Null herabsinkt, nur ist natürlich der Impuls um so größer, je rascher der Abfall der Geschwindigkeit ist. Die bei der Bremsung ausgestrahlte Energie ist die Röntgenenergie.

W. Wien hat eine Berechnung angestellt, aus der die Größe der Wellenlänge hervorgeht. Gebraucht wird erstens der Nutzeffekt der Röntgenstrahlung, bezogen auf die erzeugende Kathodenstrahlung, oder das Energieverhältnis $\frac{E_x}{E_k}$, wofür der experimentell gefundene Wert $1{,}09$ Prom. zu setzen ist; ferner zwei von Abraham aus der Maxwellschen Theorie abgeleitete Gleichungen, von denen die erste die Energie der Röntgenemission als Funktion der Verzögerung gibt, während die zweite eine Beziehung zwischen der kinetischen Energie des Elektrons und der treibenden Spannung enthält.

Sei v die Geschwindigkeit des fliegenden Elektrons, dt die Bremszeit, $j = \frac{dv}{dt}$ die Verzögerung, also $j\,dt$ die Verzögerung in der Bremszeit, so ist die Strahlungsenergie eines Elektrons

$$\frac{2}{3}\frac{e^2}{c^3}\cdot j^2\frac{dt}{k^6}, \tag{1}$$

wo

$$k = \sqrt{1 - v^2/c^2} \text{ ist } [c = 3\,.\,10^{10}\,\text{cm/sec}].$$

Bei gleichförmiger Verzögerung ist

$$l = \frac{j}{2}t^2,$$

analog dem Weg beim freien Fall $\frac{g}{2}t^2$. Wird das Elektron längs des Bremsweges l von $v = v_0$ bis $v = 0$ gebremst, so ist

$$v_0^2 = 2jl,$$

entsprechend $v^2 = 2g\,.\,s$; es ist also

$$dt = \frac{dv}{j} = \frac{dv}{v_0^2}\cdot 2l.$$

Die während der ganzen Verzögerung von einem Elektron ausgestrahlte Energie ist also

$$\frac{4le^2j^2}{3c^3v_0^2}\int_0^{v_0}\frac{dv}{\left(1-\frac{v^2}{c^2}\right)^3} \tag{2}$$

oder

$$\frac{v_0^3e^2}{24c^3l}\left\{\frac{2+3k_0^2}{k_0^4}+\frac{3}{2}\frac{c}{v_0}\,log\,\frac{1+\frac{v_0}{c}}{1-\frac{v_0}{c}}\right\}$$

$$k_0 \text{ ist } = \sqrt{1-\frac{v_0^2}{c^2}},$$

entsprechend obigem Ausdruck.

Die zweite Beziehung lautet:

$$(3) \qquad eV = mc^2 \cdot \frac{3}{4} \left\{ \frac{c}{v_0} \log \frac{1 + \frac{v_0}{c}}{1 - \frac{v_0}{c}} - 2 \right\}.$$

Setzt man $V = 58\,700$ Volt und für e/m sowie c die bekannten Werte, so wird $v_0 = 1{,}38 \,.\, 10^{10}$ cm/sec. Wenn in der Sekunde N Elektronen auf die Antikathode aufprallen, so verteilt sich die Energie der Kathodenstrahlen nach der Formel

$$E_K = NV \,.\, e,$$

woraus folgt:

$$(4) \qquad N = \frac{E_K}{V \,.\, e}.$$

Die Wellenlänge λ ist mit der Bremsstrecke und der Geschwindigkeit durch die Beziehung verknüpft:

$$(5) \qquad \lambda = \frac{2l \,.\, c}{v_0},$$

es ist also

$$\frac{v_0}{2l \,.\, c} = \frac{1}{\lambda}$$

dies in (2) eingesetzt wird:

$$E = \frac{v_0^2 e^2}{\lambda\, 12 c^2} \left\{ \frac{2 + 3k_0^2}{k_0^4} + \frac{3}{2} \frac{c}{v_0} \log \frac{1 + \frac{v_0}{c}}{1 - \frac{v_0}{c}} \right\}$$

für N Elektronen:

$$(6) \qquad E_R = \frac{E_K}{Ve} \cdot \frac{v_0^2 e^2}{\lambda\, 12 c^2} \left\{ \frac{2 + 3k_0^2}{k_0^4} + \frac{3}{2} \frac{c}{v_0} \log \frac{1 + \frac{v_0}{c}}{1 - \frac{v_0}{c}} \right\}$$

oder

$$(7) \qquad \lambda = \frac{E_K}{E_R} \cdot \frac{1}{V} \cdot \frac{v_0^2 e}{12c^2} \left\{ \frac{2+3k_0^2}{k_0^4} + \frac{3}{2}\frac{c}{v_0} \log \frac{1+\frac{v_0}{c}}{1-\frac{v_0}{c}} \right\}.$$

Da jetzt alle Werte bekannt sind, so läßt sich λ berechnen.

Man findet $\lambda = 2,3 \,.\, 10^{-10}$ cm. Dieser Wert ist wesentlich kleiner als der Wert, der sich aus den Beugungsversuchen ergab; letzterer war übrigens nur ein oberer Grenzwert.

Noch eine Überlegung theoretischer Natur führt zu einem Wert für λ. Auch hier folgen wir der Darstellung von W. Wien.

Ist die Röntgenstrahlenemission periodischen Charakters mit der Frequenz r, so muß die Bewegungsenergie

$$\frac{m}{2} v_0^2 \quad \text{oder} \quad \varepsilon V$$

gleich dem Wirkungsquantum sein.

Wir nehmen hier einen Gedanken vorweg, mit dem wir uns später noch eingehend befassen werden. Nach Planck erfolgt die Energieemission gestaffelt, d. h. in bestimmten, nicht weiter unterteilbaren Quanten. Aus der Theorie der Strahlung ist das Wirkungsquantum hr abzuleiten. Die Größe h ist $= 6,55 \,.\, 10^{-27}$ erg/sec. r ist die Frequenz. r ist aber $= \frac{1}{\tau}$, wo τ die Dauer einer Oszillation ist; ferner ist

$$\frac{1}{\tau} = \frac{c}{\lambda},$$

somit ist

$$hr = \frac{h}{\tau} = \varepsilon V,$$

oder

$$\frac{he}{\lambda} = \varepsilon V,$$

endlich

$$\lambda = \frac{he}{\varepsilon V},$$

oder, wenn die Spannung in Volt gemessen wird, da 300 Volt = 1 elektrostatische Einheit ist:

$$\lambda = \frac{300h \, . \, c}{\varepsilon \, . \, V} = 1,26 \, . \, \frac{10^{-4}}{V}.$$

Für $V = 60\,000$ Volt wird $\lambda = 2 \, . \, 10^{-9}$ cm.

Dieser Wert ist in guter Übereinstimmung mit dem oberen Grenzwert aus den Beugungsversuchen von Walter und Pohl. Wir kommen hierauf noch einmal zurück.

Bei einer Wellenbewegung drängt sich von selbst die Frage auf, ob sie transversal oder longitudinal sei, d. h. ob die Schwingungsebene senkrecht auf dem Strahl stehe oder in die Richtung desselben falle. Als Unterscheidungsmerkmal dienen hier die Polarisationsversuche. Das Licht ist bekanntlich eine transversale Schwingung, ebenso die elektromagnetische Strahlung, die, wie Hertz gefunden hat, durch ein Drahtgitter absorbiert wird, falls die Drähte in der Schwingungsebene liegen, aber durchgelassen, falls sie senkrecht dazu angeordnet sind. Longitudinale Schwingungen spielen in der Akustik eine große Rolle. Die Polarisation versagt bei ihnen. Am besten stellt man sich den Polarisationsvorgang vor als eine Aussiebung eines bevorzugten Vektors durch einen Spalt oder eine Gitteranordnung. Der ideale Querschnitt durch einen gewöhnlichen Lichtstrahl gibt das Bild eines Sternes, während der polarisierte nur noch einen einzigen Strahl zeigt. Erfolgen die Schwingungen aber in der Richtung des Strahles, so kann ein Gitter keinen Einfluß ausüben.

Daß die Röntgenstrahlen polarisiert sind, ist zuerst von Barkla erkannt. Die sekundäre Strahlung eignet sich für diese Untersuchung am besten. Aus ihrem Verhalten lassen sich Schlüsse auf die Eigentümlichkeiten der Primärstrahlung ziehen. Als Intensitätsmaß benutzte Barkla die Ionisierung. Es zeigte sich ein maximaler Einfluß auf ein geladenes Elektroskop in einer Ebene, die senkrecht auf dem elektrischen Vektor der Primärstrahlung stand. Noch genauere Messungen hierüber hat Bassler mit einer drehbaren Röntgenröhre gemacht. Von diesen Ergebnissen hat Sommerfeld Gebrauch gemacht, um die Abhängigkeit der Strahlung vom Emissionswinkel abzuleiten. Die Intensität einer strahlenden Röntgenlampe ist nicht symmetrisch. Praktisch ist die stärkste Strahlung durch die Lage der Antikathode bedingt. Fallen die Strahlen unter 45° von der Kathode auf, so werden sie hauptsächlich auch in einer bevorzugten Richtung austreten. So wird man die zu durchleuchtenden Objekte an die in der Figur mit AB bezeichnete Stelle bringen. Die Theorie ergibt das Resultat, daß die Strahlung in der Tat asymmetrisch sein muß. Auch läßt sich erklären, warum die Polarisation nicht senkrecht zum Kathodenstrahlenbündel ihr Maximum hat. Auch die Erscheinung, daß hinter der Antikathode eine Strahlung auftritt, läßt sich aus der Theorie ableiten.

Wir betrachten einige weitere Eigenschaften der Röntgenstrahlen. Wie schon der Entdecker feststellte, wird beim Auftreffen der Strahlen auf irgend ein Medium dieses zur Emission einer neuen Strahlung angeregt. Sagnac hat den Namen „Sekundäre Strahlung“ dafür eingeführt. Nach Barkla, Sadler u. a. setzt sich diese Strahlung aus zwei Phänomenen zusammen: einer Art Zerstreuung der primären Strahlen, und daneben einer zweiten, stark von der Natur des durchstrahlten Mediums abhängigen Strahlung. Dividiert man die relative Intensität der senkrecht zur Primärstrahlung zerstreuten Sekundärstrahlung durch die Dichte des Gases, in dem der Versuch ausgeführt wird, so ergibt sich eine auffallende Regelmäßigkeit. Aus der folgenden Tabelle läßt sich das am besten ersehen. Die Daten stammen von Crowther und von Barkla.

Gas	Relative Intensität der senkrecht zur Primärstrahlung zerstreuten Sekundärstrahlung I	Relative Dichte des Gases D	$\frac{I}{D}$
Luft	1,00	1,00	1,00
H	0,12	0,07	1,71
He	0,16	0,14	1,14
NH_3	0,66	0,59	1,12
N	0,97	0,97	1,00
O	1,12	1,11	1,00
N_2O	1,53	1,53	1,00
CO_2	1,54	1,53	1,00
SO_2	2,80	2,22	1,26
$CH_3CO_2CH_3$ ..	2,72	2,57	1,06
H	0,17	0,07	2,4
H_2S	1,08	1,18	0,92
CO_2	1,45	1,53	0,95
SO_2	2,11	2,19	0,96

Wir haben diese Tabelle so ausführlich wiedergegeben, weil sich aus ihr ein sehr wichtiges Resultat ablesen läßt. Der in der dritten Reihe stehende Quotient ist mit einer einzigen Ausnahme, die bei Wasserstoff eintritt, konstant. Daraus folgt der Satz, daß, wenn man die Intensität der Sekundärstrahlung durch die Gasdichte dividiert, stets der gleiche Wert herauskommt. Mit anderen Worten: Gleiche Massen von den angeführten Gasen emittieren gleiche Sekundärenergie. Auffällig ist, daß das Atomgewicht aller in Frage kommenden Gase unter 32 liegt. Es deutet dies für diese leichten Gase auf eine Verwandtschaft zwischen dem Bau des Atoms und der Strahlung. Der Zerstreuungsfaktor läßt sich in Beziehung bringen zu der Energie der Primärstrahlung. Aus dem gemessenen Wert kann man dann ableiten, wieviel Elektronen in jedem einzelnen Atom der zerstreuenden Substanz vorhanden sein müssen. Bei dem großen Interesse, das der Chemiker heute den Theorien vom Aufbau der Atome verschiedener Stoffe entgegenbringt, speziell bei der Wichtigkeit der Rolle, die dabei die Elektronen spielen, mag es gestattet sein, hierauf etwas näher einzugehen. Wir folgen dabei der Darstellung von Pohl, der ein äußerst lesenswertes Buch über die Physik der Röntgenstrahlen vor kurzem erscheinen ließ. In diesem Werk hat der Verfasser, der zusammen mit Walter und anderen auf diesem Gebiet selber erfolgreich tätig war, alles Wissenswerte in knapper aber doch erschöpfender Form dargestellt. Dadurch wird ein Überblick über den augenblicklichen Stand der Forschung auf diesem Gebiete ungemein erleichtert.

Wir gehen wieder von der schon einmal benutzten Formel (1) aus: Die Strahlungsenergie eines Elektrons beträgt:

$$\frac{2}{3}\frac{e^2\dot{v}}{c^3}\frac{dt}{(1-v^2/c^2)^3}. \tag{1a}$$

Integriert man über die Oberfläche einer Kugel, vernachlässigt man ferner v^2/c^2 gegen 1, und bezeichnet die Impulsdauer des primären Impulses $\frac{\lambda}{c}$ mit τ, so wird

$$E_S = \frac{2}{3}\frac{e^2}{c^3}\int_0^\tau \dot{v}^2\,dt. \tag{2a}$$

Nun ist $\dot{v}m = \mathfrak{E}e$, wenn m die Masse eines Elektrons, $\mathfrak{E}$ die Feldstärke und e das Elementarquantum sind. Wir erhalten daher für die Energie des Röntgenimpulses, der von dem beschleunigten Elektron ausgeht, den Wert

$$E_S = \frac{2}{3}\frac{e^4}{m^2c^3}\int_0^\tau \mathfrak{E}^2\,dt = \frac{2}{3}\frac{e^4}{m^2c^4}\mathfrak{E}^2\lambda. \tag{3a}$$

Dieser Impuls hat die gleiche Breite, wie die primäre Strahlung, er weist somit eine typische Eigenschaft der erzeugten Sekundärstrahlung auf. Die Primärenergie beträgt pro Flächeneinheit

$$E_R = \frac{1}{4\pi}\mathfrak{E}^2\lambda,$$

daher wird die längs des Wegelementes dx zerstreute Strahlung den Wert

$$E_S = N \cdot \frac{8}{3} \frac{\pi c^4}{m^2 c^4} E_R \cdot dx$$

annehmen, der sich durch Einsetzen des Wertes

$$\mathfrak{E}^2 = E_R \frac{4}{\lambda} \pi$$

in (3a) und unter der Annahme von N Elektronen im Kubikzentimeter ergibt. Endlich führen wir noch den Zerstreuungskoeffizienten s ein nach der Gleichung

$$E_S = E_R s \,.\, dx$$

und erhalten:

$$s = N \frac{8}{3} \frac{\pi e^4}{m^2 c^4},$$

c ist gleich dem Verhältnis des elektrostatischen zum elektromagnetischen Maßsystem; beim Übergang zum letzteren lautet demnach unsere Formel:

$$s = N \cdot \frac{8}{3} \pi \frac{e^4}{m^2},$$

in Worten: der Zerstreuungskoeffizient ist direkt proportional der Anzahl von Elektronen im Kubikzentimeter, die durch den Impuls angeregt werden. Kennt man also den Wert s, so läßt sich N berechnen. Für die obengenannten Stoffe, deren Atomgewicht unter 32 liegt, ist s nach Crowther und Barkla bekannt. Legt man den Wert, den letzterer angibt, $s/\rho = 0,2$, zugrunde und führt für e und e/m die bekannten Werte ein, so erhält man für die Zahl der Elektronen den Wert $40 \,.\, 10^{22}$ pro Gramm. Da nun im Mol $60 \,.\, 10^{22}$ Atome enthalten sind, wie wir aus dem letzten Vortrag entnommen haben, so kommen auf jedes Atom so viel Elektronen, als man erhält, wenn man das Atomgewicht mit $^2/_3$ multipliziert. Nimmt man den Crowtherschen Wert, so ergibt sich statt $^2/_3$ der Wert 3.

Auch aus anderen Überlegungen, die außer von J. J. Thomson von Lenard und von Rutherford stammen, leitet man die Proportionalität zwischen Atomgewicht und Elektronenzahl ab, ferner auch den ungefähren Wert des Proportionalitätsfaktors, der zwischen $2/3$ und 3 liegt.

Die negativen Elektronen besitzen bekanntlich eine sehr geringe Masse. Die Masse eines negativen Elektrons ist etwa 1800 mal kleiner als die des Wasserstoffatoms. Selbst drei solcher Elektronen werden daher zur Masse des Atoms keinen nennenswerten Beitrag beisteuern. Anders liegt die Sache bei den positiven Elektronen. Sie müssen fast den ganzen Betrag liefern. Die Masse eines Elektrons berechnet sich zu $2/3 \cdot \frac{e^2}{a}$, wo a der Radius der kugelförmig gedachten Ladung ist.

Die Dimensionen des positiven Elektrons sind wahrscheinlich sehr viel kleiner als die des negativen. So wird bei gleichem Wert für e der obige Ausdruck für m viel größer beim positiven Elektron als beim negativen. Von den mancherlei Versuchen, Atommodelle zu konstruieren und daraus Schlüsse zu ziehen, die sich experimentell bestätigen lassen, wollen wir hier nur die Nicholsonschen Berechnungen erwähnen, die auffallend gute Übereinstimmung zwischen den errechneten und den tatsächlich beobachteten Atomgewichten einer großen Anzahl von Stoffen zeigen.

Nicholson nimmt eine Proportionalität zwischen dem Volum des Atoms und der Anzahl der Elektronen an. Die elektromagnetische Masse ist gleich $2/3 \cdot \frac{n^2 e^2}{a}$; die Massen der verschiedenen Kerne verschiedener Atome werden also proportional sein mit $\frac{n^2}{a}$; nun ist a proportional mit der Kubikwurzel aus v oder auch der Kubikwurzel aus n; also ist die Masse des positiven Kernes proportional mit dem Quotienten von n^2 dividiert durch die Kubikwurzel aus n. Das ergibt n zur Potenz $5/3$. Nun gibt es nach Nicholson je ein Grundelement mit zwei, drei, vier und fünf Elektronen. Die Namen dafür sind: Coronium, Wasserstoff, Nebulium und Protofluorin. Das Coronium, auch Geocoronium genannt, kennt man aus den Sonnenprotuberanzen. Auch in der Erdatmosphäre wird es wahrscheinlich vorhanden sein, indes in geringer Höhe in so kleinen Mengen, daß es sich nicht nachweisen läßt, und in großen Höhen in sehr verdünntem Zustande. Das Nebulium ist ein hypothetisches

Element, das zu bisher unbekannten Spektrallinien in den Nebeln am Himmel Anlaß gibt. Das Protofluorin endlich ist noch ganz unbekannt. Die spezifischen Massen der Grundstoffe oder „Protyle" verhalten sich wie

$$2^{5/3} : 3^{5/3} : 4^{5/3} : 5^{5/3},$$

oder wie

$$3,1748 : 6,2403 : 10,079 : 14,620.$$

Wird für Wasserstoff die Zahl 1,008 angenommen und eine kleine Korrektur wegen der Nichtberücksichtigung der Massen der negativen Elektronen angebracht, so erhält man folgende Reihe:

Coronium	0,513
Wasserstoff	1,008
Nebulium	1,6277
Protofluorin	2,3607

Aus den drei letzten dieser vier Grundstoffe lassen sich nun die Atomgewichte der meisten Grundstoffe mit überraschender Genauigkeit entsprechend dem tatsächlichen Befund der Analyse berechnen. Bei den größeren Werten ist das nicht weiter auffällig; doch fügen sich auch die kleinen Werte ganz ausgezeichnet in den Bau der Formeln ein.

Besonders interessant ist es, daß Nicholson aus seinen Atommodellen die Lage einiger Spektrallinien berechnet hat, die sich tatsächlich an der berechneten Stelle vorfinden; ja noch mehr, eine Linie ist erst nachträglich auf die Berechnung hin gefunden worden bei sorgfältiger Untersuchung einer alten Platte. Von all den vielen Versuchen, die chemischen Grundstoffe auf wenige Urstoffe zurückzuführen, ist der eben besprochene wohl der interessanteste und wertvollste. In neuester Zeit las man in den Tageszeitungen viel von Versuchen Ramsays, sowie der Herren Collie und Patterson, aus denen hervorging, daß unter dem Einfluß von Entladungen sich Elemente synthetisch aus den niedrigeren aufgebaut hätten. Die Angaben harren noch der Bestätigung und Nachprüfung. Wenn es einmal gelingen sollte, den Bau eines Atoms zu erschüttern, so wird dies wahrscheinlich auf dem Wege erfolgen, daß die

Resonanzenergie bei Röntgenstrahlung oder anderen Strahlungen einen Zerfall herbeiführt; mit letzterem würde dann eine bestimmte Rückbildung Hand in Hand gehen. Solche Prozesse kämen gewissermaßen auf eine künstliche Radioaktivität hinaus. Vielleicht gelingt es auch, den radioaktiven Zerfallsprozeß auf diesem Wege zu beeinflussen, was bekanntlich bisher noch nicht gelungen ist. Aus diesen Gründen sind die letzten Betrachtungen so wertvoll für den Chemiker. So war es vielleicht nicht ganz unberechtigt, wenn ich mich von meinem eigentlichen Thema, den Röntgenstrahlen, ein wenig weit entfernt habe. Wir wenden uns wieder zu ihnen zurück.

Eine weitere Eigentümlichkeit der Röntgenstrahlen haben Barkla und Sadler entdeckt. Außer dem Streuungsvermögen besitzen die Elemente die Fähigkeit, eine Sekundärstrahlung zu emittieren, deren durch ihre Absorbierbarkeit definierte Impulsbreite einen für jedes Element ganz charakteristischen Wert besitzt. Diese Strahlung ist vollständig homogen, und ihre Absorption folgt einem einfachen Exponentialgesetz:

$$J = J_0 \,.\, e^{-\mu x}.$$

So ist bereits für eine große Anzahl von Grundstoffen eine typische Absorptionskonstante gemessen worden, die ebenso charakteristisch für die betreffende Substanz ist wie beispielsweise eine bestimmte Spektrallinie.

Auch eine selektive Absorption hat sich nachweisen lassen; doch lag hier bisher die große Schwierigkeit vor, daß die Impulsbreite nicht mit der gleichen Schärfe bekannt war wie die Wellenlänge in der Optik. Das Maximum der Durchlässigkeit beim Eisen z. B. liegt bei einer Impulsbreite, der eine Kathodenstrahlengeschwindigkeit von etwa $5,6 \,.\, 10^9$ cm entspricht. Der Zusammenhang der charakteristischen Strahlung mit der selektiven Absorption ist ein Analogon zur Optik, wo ebenfalls das Auftreten einer Fluoreszenzstrahlung an das einer selektiven Absorption gebunden ist.

Noch deutlicher aber ist die Analogie zwischen Röntgenstrahlen und Licht auf dem Gebiet der Elektronenemission durch beide. Wie Dorn gefunden hat, ist die Absorption von Röntgenstrahlen verknüpft mit einer Emission von Kathodenstrahlen. Nach Bestelmeyer ist für letztere $e/m = 1,72.10^7$ ein Wert, der sich wenig von dem Standardwert $1,76 \,.\, 10^7$ unterscheidet. Die Messung erfolgt durch magnetische Ablenkung. Die so gemessene Geschwindigkeit ergibt sich als unabhängig von der Intensität der erzeugenden Röntgenstrahlen, was bekanntlich beim Licht seit langem erwiesen ist. Die Zahl der Elektronen ist der Intensität der Röntgenstrahlen proportional und ebenso der bolometrisch gemessenen Energie derselben.

Einige weitere Eigenschaften der Röntgenstrahlung mögen noch kurz angeführt werden. Die Kondensation übersättigten Wasserdampfes an Kernen, die durch Röntgenstrahlen erzeugt werden, ist durch die klassischen Versuche von J. J. Thomson zur Bestimmung des Elementarquantums bekannt geworden. Wenn man sich auch jetzt lieber der Radiumpräparate zur Bildung von Ionen bedient, so ist doch die Erzeugung durch Röntgenstrahlen keineswegs ganz zur Seite gedrängt. Die Sichtbarmachung der Elektronenbahnen durch Wilson gibt einen reizvollen Einblick in die Mikrowelt. Auch feste und flüssige Dielektrika werden durch Röntgenstrahlen ionisiert.

Der photoelektrische Effekt der Röntgenstrahlen gab Marx ein Mittel an die Hand, die Ausbreitungsgeschwindigkeit derselben zu messen mit dem Ergebnis, daß sich Röntgenstrahlen mit genau gleicher Geschwindigkeit fortpflanzen wie die elektrischen Wellen an Drähten, d. h. mit Lichtgeschwindigkeit. Wenn Pohl und Franck auch an der Richtigkeit dieses Resultats keine Zweifel hegen, so glauben sie doch, daß die Meßmethode nicht einwandfrei ist. Die Diskussion hierüber ist noch nicht abgeschlossen.

Die Versuche von Blondlot, die Geschwindigkeit zu messen, haben kein einwandfreies Resultat gehabt. Von chemischen Wirkungen der Röntgenstrahlen ist in erster Linie die Wirkung auf die photographische Platte zu nennen; ferner die Wirkung auf Glas, das sich braun oder blau färbt, ebenso wie unter dem Einfluß der Becquerelstrahlung. Man führt dies zurück auf eine Manganausscheidung. Die physiologischen Wirkungen intensiver Röntgenstrahlung sind leider früher unterschätzt worden. So sind gelegentlich sehr schwere Verbrennungen, die sogar Amputationen notwendig machten, beobachtet worden. Die Dosierung der Strahlung ist schwierig. Sorgfältiges Abblenden durch Bleischirme ist dringend geboten.

Nicht versäumen möchte ich einen Hinweis auf die interessanten Versuche von Jensen über Münzabbildungen durch Röntgenstrahlen. Sehr merkwürdig ist die Abbildung beider Prägungen auf der Photographie. Diese dürfte ihre endgültige Erklärung gefunden haben. Dagegen bedarf es nach den Mitteilungen Jensens noch genauerer Untersuchungen darüber, welcher Natur die Strahlen sind, die — und zwar vor allem bei den zur Silber- und Platingruppe gehörigen Metallen — beim Negativ die den Vertiefungen entsprechenden hellen und den Erhabenheiten entsprechenden dunkeln Stellen geben. So viel konnte allerdings einwandfrei gezeigt werden, daß diese „Umkehrerscheinung" mittelbar herbeigeführt wird durch eine sekundäre Röntgenstrahlung, welche vom Boden der hölzernen Kassette ausgeht, in dem die photographische Platte mit den darauf befindlichen Münzen bzw. Medaillen oder sonstigen Metallen liegt, und welche dann, von der Rückseite her, das Glas der photographischen Platte durchdringend, die der Schichtseite anliegende Seite der angewandten Metallgegenstände trifft.

Fig. 16.

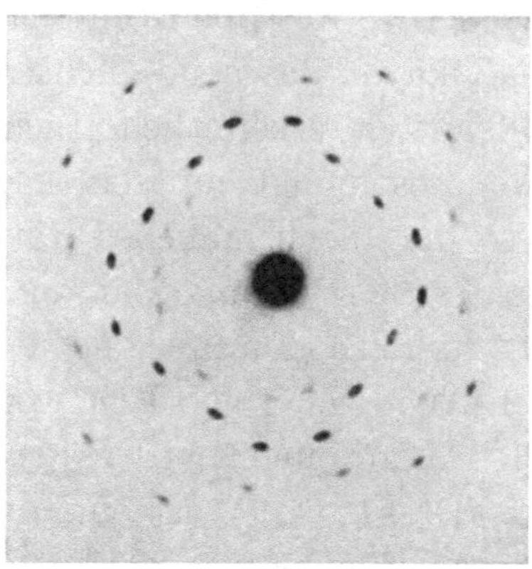

Ein hervorragender Fortschritt in der Physik der Röntgenstrahlen datiert von der Entdeckung Laues und seiner Mitarbeiter, denen es gelang, eine Interferenz der Röntgenstrahlen nachzuweisen. Damit eine

Interferenz an gitterartigen Gebilden zustande kommt, darf die Gitterkonstante nicht wesentlich größer sein als die Wellenlänge der zur Interferenz gelangenden Strahlen. Nach obigen Darlegungen ergab sich für die Impulsbreite oder unter Voraussetzung regelmäßiger Strahlung für die Wellenlänge der Wert 10^{-9}. Der Abstand zweier Molekülzentren ist von der Größenordnung 10^{-8}. So lag der Gedanke nahe, die Molekularstruktur als Beugungsgitter zu benutzen. Diese Idee ist von Laue verwirklicht worden. Das Raumgitter eines Kristalles, das dem Auge nicht sichtbar ist, aber seine Existenz durch den kristallinischen anisotropen Charakter vermuten läßt, kann nach Laue zum Ausgangszentrum einer Sekundärstrahlung gemacht werden, die auf der photographischen Platte Interferenzbilder von großer Schärfe und wunderbarer Schönheit liefert. Die Fig. 16 zeigt eine solche Aufnahme aus der Laueschen Originalarbeit. Als Kristall diente regulär kristallisiertes Zinksulfid, das parallel einer vierzähligen Symmetrieachse durchstrahlt wurde. Welch ein Reiz, in das Innere der Moleküle hineinzuschauen und zum ersten Male diese doch immer hypothetischen Bausteine der Materie sichtbar zu machen! Welch genialer Gedanke, das gewöhnliche Licht, dessen zarte Schwingungen sich als zu grob erwiesen, zu ersetzen durch das neue Licht mit einer Wellenlänge 10^{-9} cm! Und welche Erweiterung der Wellenskala! Um 13 Oktaven wird das Spektrum erweitert. Das sichtbare Licht umfaßt etwa eine Oktave; das neue, nicht direkt wahrnehmbare, aber mit einfachen Hilfsmitteln erkenntliche Licht eröffnet ganz ungeahnte Perspektiven. Wenn es gelingt, mit seiner Hilfe in das Innere der Körper einzudringen, so mag noch manches Rätsel gelöst werden. Es bietet jedenfalls eine große Befriedigung, daß die Moleküle, über deren Zahl und Gewicht etwa 25 Methoden mit gleichem Ergebnis Aufschluß gaben, dem zweifelnden Auge näher gebracht worden sind.

Die experimentelle Anordnung von Friedrich, Knipping und Laue erkennt man aus der Fig. 17. S ist eine dicke Bleiplatte, K ein Bleikasten, B_1 bis B_4 sind Blenden, K ist der durchstrahlte Kristall. P_1 bis P_4 sind die photographischen Platten. Laue hat die Theorie der neuen Erscheinung durchgeführt. Die Gitterkonstante des Kristalles $Zn\,S$ berechnet sich folgendermaßen: Sei N die Zahl der Moleküle im Mol $= 6,17.10^{23}$, $m = 65,4+32 = 97,4$ das Molekulargewicht, $\delta = 4,06$

Fig. 17.

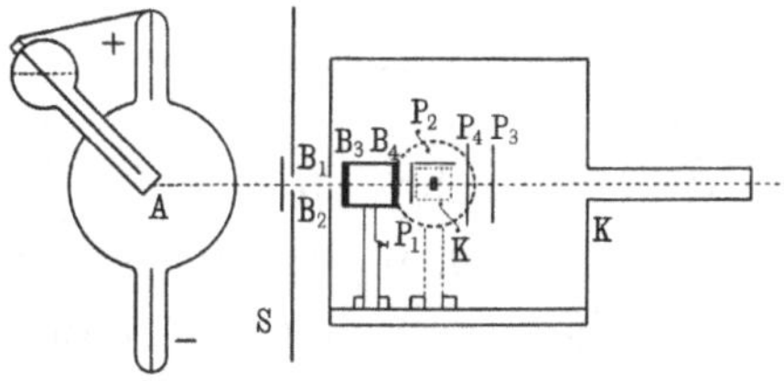

das spezifische Gewicht, so muß

$$a^3 N = \frac{m}{\delta}$$

sein; daraus folgt für a, die Gitterkonstante, der Wert $3,38 \,.\, 10^{-8}$ cm. Für λ findet Laue $1,90 \,.\, 10^{-9}$ cm; für einige andere Beispiele:

$$2,24 \,.\, 10^{-9}, \quad 1,27 \,.\, 10^{-9}, \quad 3,55 \,.\, 10^{-9}.$$

Kürzlich hat Friedrich auch mit plastischen isotropen Substanzen, z. B. Paraffin und Wachs, Beugungsringe erhalten, die an die bei Eiskristallen und Lykopodiumsamen zu beobachtenden Ringe oder an die Höfe von Sonne und Mond erinnern.

In letzter Zeit hat Sommerfeld eine Reihe von Arbeiten auf dem Gebiet der Theorie der Röntgenstrahlen publiziert. Leider gehen sie über den Rahmen unserer Vorträge hinaus.

Aus allem Bisherigen aber ersehen wir, daß unsere Kenntnis von den neuen Strahlen doch trotz aller Sprödigkeit des Stoffes erhebliche Fortschritte gemacht hat.

Die rapide technische Entwickelung wird also bis zu einem gewissen Grade wett gemacht, vor allem durch die schöne Entdeckung von Laue.

Neuere Elektrodynamik und Relativitätsprinzip.

Hatte schon die Maxwellsche Theorie der Elektrodynamik und Optik für ruhende Systeme sich in manchen Punkten als unzureichend erwiesen, so war das in erhöhtem Maße der Fall, als es galt, sie auf bewegte Körper auszudehnen. Hertz, dem die Theorie ihren Siegeszug verdankt, war der erste, der den Versuch machte, ein System von Gleichungen aufzustellen, das zusammenfassend die Erscheinungen der bewegten und der ruhenden Körper umfassen sollte, insofern letztere einen Spezialfall bildeten. Die Aufgaben der Theorie waren nicht geringe; es galt außer den bekannten elektromagnetischen Vorgängen eine ganze Reihe von Vorgängen und Erscheinungen zu umfassen. Hierhin gehören in erster Linie die von Rowland, Wilson, Röntgen und Eichenwald beobachteten Effekte, ferner die Aberration des Lichtes, das Dopplersche Prinzip, endlich die Versuche von Fizeau, sowie Morley und Michelson. Betrachten wir kurz das Wesentlichste dieser Erscheinungen: Rowland hatte gezeigt, daß eine statische Ladung einen Strom hervorruft, wenn der Träger der Ladung bewegt wird. Befindet sich auf einer Ebonitplatte eine statische Ladung, so kann man mittels derselben, wenn die Platte rotiert, eine Magnetnadel ablenken. Ein solcher Strom heißt Konvektivstrom. Seine Stärke berechnet man aus der Ladungsdichte und der Geschwindigkeit zu $\rho \,.\, q$. Der Effekt von Wilson besteht in der Aufladung eines Kondensators, wenn das innerhalb befindliche Dielektrikum in einem zu den Platten parallelen, zur Geschwindigkeit senkrechten Magnetfelde rotiert. Bei dem Versuch von Röntgen, den Eichenwald später ebenso wie den von Rowland sehr eingehend wiederholt hat, ist das Wesentlichste die Rotation eines geladenen Kondensators. Die innere Belegung ist von den Platten getrennt. Die Ladung befindet sich auf den letzteren. Dadurch wird der Innenraum dielektrisch polarisiert. Auch diese gewissermaßen scheinbare Ladung ruft, wenn sie rotiert, einen dem Rowlandstrom völlig analogen Strom hervor. Die Aberration des Lichtes ist eine dem Astronomen geläufige Erscheinung. Bekanntlich bediente sich Bradley ihrer, um die

Geschwindigkeit des Lichtes zu messen. Soll ein bewegter Körper durch einen anderen bewegten hindurchpassieren, z. B. ein Stein durch einen Wagen, oder ein Lichtstrahl durch ein Fernrohr, so müssen die beiden Bewegungsrichtungen einen Winkel miteinander bilden, dessen geometrische Tangente gleich dem Verhältnis der beiden Geschwindigkeiten ist.

Der Dopplereffekt tritt bei allen oszillatorischen Vorgängen auf. Die Frequenz einer Schwingung wächst, wenn die Schwingungsquelle sich in der Richtung auf das wahrnehmende Organ zu bewegt; sie nimmt dagegen ab, wenn sich der Abstand beider vergrößert. Diese in der Akustik leicht wahrzunehmende Erscheinung ist auch bei den Lichtstrahlen beobachtet, und zwar bei einigen Fixsternen, deren Spektrum infolge ihrer Relativbewegung zur Erde Verschiebungen zeigt. Ferner hat Stark bei den Kanalstrahlen den gleichen Effekt beobachtet. Endlich haben wir noch den Versuch von Fizeau zu nennen, bei dem sich ergibt, daß das Licht in einem bewegten Körper eine andere Ausbreitungsgeschwindigkeit besitzt, als in einem ruhenden. Die Geschwindigkeiten addieren sich freilich nicht einfach; es tritt nur eine Veränderung um den sogenannten Mitführungskoeffizienten auf. Als letzte Erscheinung gehört hierher der Versuch von Morley und Michelson. Wir wollen diesen etwas ausführlicher behandeln. Vorher aber sei nochmals darauf hingewiesen, daß die Theorie die eben erwähnten Erscheinungen nicht alle restlos zu deuten vermochte. Sowohl beim Wilsoneffekt wie beim Eichenwaldschen Versuch bestand ein Unterschied in der Größe des erwarteten und des beobachteten Effektes. Erst der von H. A. Lorentz aufgestellten neuen Theorie, der Elektronentheorie, gelang die erschöpfende Deutung aller dieser Vorgänge, mit Ausnahme des Versuches von Morley und Michelson. Über diese Theorie haben wir uns schon ausführlich unterrichtet. Wir verweisen auf die früheren Erörterungen. Früher wurde der Hauptwert auf die neue Auffassung der Elektrizität gelegt, die als etwas gewissermaßen Stoffliches gedacht war und stets in bestimmten, nicht weiter unterteilbaren Quanten auftrat; hier sei der andere Fundamentalgedanke mehr betont. Der alle Körper durchdringende Äther ist stets in Ruhe und bedingt daher ein festes, ruhendes System, auf das die Feldgleichungen zu beziehen sind. Nur der Versuch von Morley und Michelson entzog sich einer einwandfreien Deutung durch die Lorentzsche Theorie. Er ist deshalb so wichtig, weil bei ihm der zu erwartende Effekt das Verhältnis der Effektivgeschwindigkeit zu der des Lichtes in der zweiten Potenz enthält. Alles weitere muß aus der Beschreibung hervorgehen. Von der Lichtquelle L (Fig. 18) fällt Licht auf die unter 45° geneigte planparallele Glasplatte P. Ein Teil des Lichtes wird von dieser reflektiert, geht zu dem Spiegel S_1, wird nach P zurückreflektiert und gelangt, durch P hindurchgehend, in das Auge des Beobachters B. Dort interferiert es, wie aus der Figur zu ersehen, mit dem Teil der ursprünglichen Lichtstrahlen, die, von L kommend, durch P hindurchgegangen, an dem Spiegel S_2 und dann an P reflektiert worden sind. Die Interferenz dieser beiden Strahlen wird nun von einem Beobachter B mit einem auf Unendlich eingestellten Fernrohr beobachtet. Wir denken uns jetzt den ganzen Apparat so justiert, daß die Richtung des Strahles auf den ersten Spiegel hin zusammenfällt mit der Bewegung der Erde in ihrer Bahn um die Sonne. Die Geschwindigkeit dieser Rotationsbewegung beträgt bekanntlich 30 Kilometer in der Sekunde.

Fig. 18.

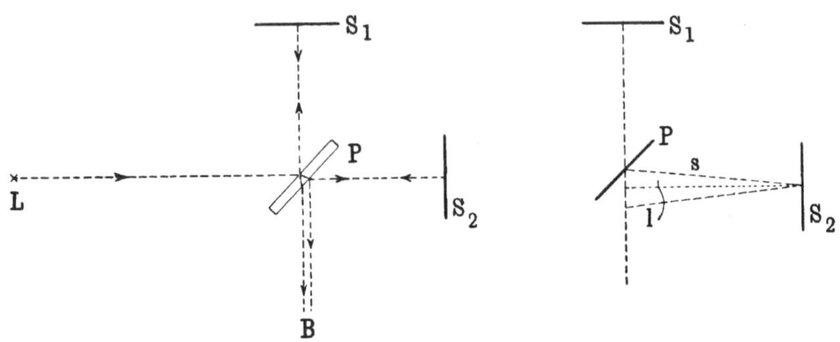

Der Ausdruck Rotation ist eigentlich nicht recht passend. Man braucht ihn bei dieser Bewegung im Gegensatz zu der Revolutionsbewegung. Tatsächlich haben wir es hier nicht mit einer drehenden, sondern mit einer fortschreitenden Bewegung zu tun. Ist nun die Entfernung $PS_1 = PS_2 = l$, so braucht das Licht, um den ganzen Weg zu durchlaufen, die Zeit

$$t_1 = \frac{2l}{c}, \tag{1}$$

wo c die Lichtgeschwindigkeit bedeutet, unter der Voraussetzung, daß der Apparat ruht. Bewegt er sich aber mit der konstanten Geschwindigkeit v in der Richtung auf den Spiegel S_1, so ist die Zeit zum Hin- und Hergang auf Grund des Satzes vom Parallelogramm der Geschwindigkeiten

$$t'_1 = \frac{l}{c+v} + \frac{l}{c-v} = \frac{2lc}{c^2 - v^2} = \frac{2l}{c(1 - v^2/c^2)} = \frac{2l}{c}\left\{1 + \frac{v^2}{c^2} + \dots\right\}. \tag{2}$$

Das zweite Strahlenbündel mit der Richtung PS_2 wird nun, da der ganze Apparat sich verschiebt, ebenfalls beeinflußt. Um wieder an den Spiegel zu gelangen, muß es nicht mehr senkrecht, sondern in geneigter Richtung auftreffen, bzw. wieder zurückgehen. Dies ersieht man am besten aus der Figur. Somit ist der Weg des Lichtstrahles $2s$ und die Zeit zum Hin- und Hergang

$$t'_2 = \frac{2s}{c}. \tag{3}$$

Aus der Figur ersieht man, daß

$$s^2 = l^2 + \frac{s^2 \,.\, v^2}{c^2} \quad \text{ist.}$$

Mithin

$$s = \frac{l}{\sqrt{1 - v^2/c^2}}$$

und

$$t'_2 = \frac{2l}{c\sqrt{1 - v^2/c^2}} = \frac{2l}{c}\left\{1 + \frac{1}{2}\frac{v^2}{c^2} + \dots\right\}. \tag{4}$$

Die beiden Strahlenbündel haben also durch die Bewegung des Apparates einen Gangunterschied erlitten, entsprechend einer Zeitdifferenz von

$$t'_1 - t'_2 = \frac{l}{c} \cdot \frac{v^2}{c^2}, \tag{5}$$

wie sich leicht ausrechnen läßt.

Voraussetzung ist natürlich absolute Gleicharmigkeit des Instrumentes, falls die Spiegel montiert sind. Umgehen kann man die Forderung durch Auswechselung der Arme durch eine Drehung des ganzen Apparates um 90°, so daß einmal der eine, dann der andere Arm in die Bahnrichtung der Erde fällt, bzw. senkrecht dazu steht. Trotz der größten Sorgfalt, die Morley und Michelson auf die Ausführung des Versuches verwendeten, blieb der zu erwartende Interferenzeffekt

$$\delta = 2\left(\frac{t_1 - t_2}{T}\right) = \frac{2l}{c\,.\,T} \cdot \frac{v^2}{c^2}, \tag{6}$$

wo T die Periode des angewandten Lichtes bedeutet, aus. Die Berechnung ergibt $0,37$ Streifenbreiten, beobachtet wurde eine Verschiebung um $0,02$, was auf Versuchsfehler zurückzuführen ist.

Bei der großen Wichtigkeit der Frage sei nochmals kurz zusammengefaßt, was zu erklären ist. Die Weglängen sind gleich; die Geschwindigkeiten sind verschieden; trotzdem kommen die Strahlen, ohne zu interferieren, wieder zusammen. Ein oft gemachter, naheliegender, aber falscher Einwand ist der, daß die Einflüsse der Bewegung sich beim Hin- und Hergang gegenseitig aufheben müßten.

Sei der Weg $= l$, die Geschwindigkeit einmal $c + v$, das andere Mal $c - v$, so ist die Zeit

$$t = \frac{2lc}{c^2 - v^2};$$

diese ist um so kleiner, je kleiner v; für $v = 0$ ist der Ausdruck ein Minimum; jeder Wert von v verlängert also die Dauer des Hin- und Herganges.

An die Deutung und Erklärung dieses Versuches knüpft nun die weitere, so tief in unser physikalisches Denken einschneidende Entwickelung der Elektrodynamik an, eine Entwickelung, die durch den Namen

„Relativitätstheorie“ bekannt wurde und die ihre Kreise weit über die Grenzen dieses Spezialgebietes auf die ganze Physik, ja sogar auf die mehr geometrische Wissenschaft der Kinematik ausdehnte. Selbst neue mathematische Hilfsmittel schuf sich die neue Lehre, so daß also die „Lehre von der Relativität“ in den letzten Jahren als ein neuer Zweig der physikalisch-mathematischen Forschung ihren älteren Geschwistern ebenbürtig zur Seite trat.

Wir wollen in den folgenden Entwickelungen an den Morley-Michelsonschen Versuch anknüpfen, und an seiner Hand mehr referierend als beweisend in den Vorstellungskreis der neuen Lehre einen Einblick zu gewinnen und ihre wichtigsten Resultate und Ideen zu verstehen versuchen.

Fragen wir uns zunächst, wie die Elektronentheorie sich mit dem Versuch auseinandersetzte. H. A. Lorentz und Fitzgerald machten die Annahme, daß durch die Bewegung die durchlaufenen Weglängen in der Bewegungsrichtung um $\sqrt{1-\frac{v^2}{c^2}}$ verkürzt würden, die senkrecht zur Bewegung stehenden Längen aber ungeändert bleiben, und man sieht dann leicht aus (2) und (4), daß dann wieder $t_1' = t_2'$ wird, also die Interferenzstreifen durch die Drehung des Apparates um 90° keine Änderung erfahren können. So befremdend diese Hypothese auch scheint, sie ist sicher ein möglicher Ausweg. Den Grund für die Verkürzung kann man darin suchen, daß die Kräfte, die die Elektronen in den ponderablen Körpern aufeinander ausüben, durch die Bewegung des Körpers als Ganzes entsprechend den von H. A. Lorentz aufgestellten Gesetzen der Anziehung bewegter Elektronen geändert werden, und diese Änderungen möglicherweise eine Kontraktion ergeben. Es wäre dies allerdings noch zu beweisen, aber zweifellos ist es möglich, das Resultat durch passend gewählte elektronentheoretische Ansätze zu erhalten. Die Längenänderung jedes Körpers bei Bewegung um denselben Betrag, die die beiden Forscher annehmen, wäre auch experimentell nie nachweisbar, da ja der Maßstab, mit dem man die Messung vornimmt, auch an der Bewegung teilnimmt, also entsprechend verkürzt wird oder präziser ausgedrückt: da wir ja jede Längenmessung nur mittels eines Maßstabes vornehmen können, der relativ zu dem bewegten Körper ruht. Trotzdem hat die Kontraktionshypothese schwere Bedenken gegen sich. Einmal ergibt sie nämlich in reinem Äther, der keine Elektronen enthält, ein positives Resultat des Versuches: Wenn man nun auch den Versuch im reinen Äther nicht ausführen kann, so waren wir doch bisher gewohnt, den reinen Äther in elektrodynamischer Hinsicht als Grenzfall des luftverdünnten Raumes anzusehen, während er hier ein fundamental anderes Verhalten als jede noch so verdünnte Atmosphäre zeigen müßte. Zweitens aber ist diese Kontraktionshypothese wohl etwas zu sehr ad hoc gemacht, sie erklärt eben diesen einen Versuch, während sie sonst eine weitere Anwendung zur Erklärung oder Voraussagung anderer Erscheinungen nicht gefunden hat.

Sehr viel tiefer liegende Fragestellungen und einschneidendere Folgerungen knüpfte nun Einstein an das negative Ergebnis des Michelson-Morleyschen Versuches an. Er sah das wahre Wesen dieses Versuches in der Tatsache, daß ein positives Ergebnis eine Möglichkeit dargeboten hätte, durch eine Messung auf der Erde selbst — oder allgemeiner gesagt: in einem mit gleichförmiger Geschwindigkeit sich bewegenden Systeme die Translationsgeschwindigkeit des Systems zu schließen. Man sieht das sofort, wenn man sich überlegt, daß ja in der Zeit, die der Versuch dauert, der Beobachter nebst Apparat infolge der Erdrotation eine gemeinsame, als translatorisch anzusehende Geschwindigkeit gegen ein im Sonnensystem festes Koordinatensystem besitzen, und da diese Geschwindigkeit v in die Gleichung (6) eingeht, so hätte man sie aus der Messung der Streifenverschiebung ermitteln können. Diese Möglichkeit, die translatorische, beschleunigungsfreie Bewegung eines Systems durch eine Messung in dem System zu erkennen, widerspricht nun aber allen Anschauungen, die uns seit Galilei und Newton in der Physik geläufig sind. Ist es doch ein wesentlicher Fundamentalsatz der Mechanik seit Galileis Trägheitsgesetz, daß Ruhe und gleichförmige Bewegung einander absolut äquivalent sind, und daß alle physikalischen Erscheinungen, die sich ja vermutlich auf Kräfte zurückführen und durch Kräfte erklären lassen, nur durch Beschleunigungen sich bemerkbar machen. Diese Unmöglichkeit, durch Messungen in einem System zu entscheiden, ob dasselbe gegen irgend ein anderes ruht oder sich mit gleichförmiger Geschwindigkeit bewegt, können wir auch dahin formulieren, daß der Ablauf aller physikalischen Erscheinungen im ruhenden wie im gleichförmig bewegten System derselbe ist. Der Begriff der absoluten Ruhe oder absoluten Geschwindigkeit existiert also, wie dies schon Newton beim Ausbau seiner Mechanik klar ausspricht, physikalisch nicht, alle Bewegungen können nur relativ auf irgend ein willkürlich als ruhend angenommenes Bezugsystem bezogen werden, und dies selbst kann — ohne daß wir dies durch physikalische Messungen im System unterscheiden können — gegen ein drittes ruhen oder mit gleichförmiger Translationsgeschwindigkeit sich bewegen. Hält man nun dieses sogenannte „Relativitätsprinzip“ nicht nur für die Mechanik, sondern, wie wir dies ja bisher durch unsere Formulierung schon angedeutet haben, für alle physikalischen Erscheinungen für streng gültig, so ist das negative Ergebnis des Morley-Michelsonschen Versuches selbstverständlich. Da nun andererseits die obigen einfachen Betrachtungen ebenso wie die Vorstellungen der Elektronentheorie, wie eine nähere Berechnung, die hier nicht wiedergegeben werden kann, lehrt, ein positives Ergebnis verlangen, so müssen beide in ihrer Formulierung gegen das Relativitätsprinzip verstoßen. Leicht kann man das bei der Elektronentheorie erkennen. Denn diese führt alle elektrodynamischen Erscheinungen in ruhenden wie bewegten Körpern auf Bewegungen der Elektronen, in dem immer ruhend gedachten Äther zurück. Sie zeichnet also ein physikalisches Bezugsystem, den Äther, als „absolut ruhend“ aus im Widerspruch zur Relativität aller physikalischen Erscheinungen.

Wo aber ist in den einfachen kinematischen Betrachtungen, die wir oben wiedergegeben haben, ein Verstoß gegen die Relativität aller physikalischen Erscheinungen zu suchen? Nun haben wir zu den obigen Überlegungen neben der Definition der Geschwindigkeit und neben ein paar rein geometrischen Beziehungen nur noch den Satz vom Parallelogramm der Geschwindigkeiten verwandt, also alles Dinge, die mit dem Relativitätsprinzip der Mechanik, d. h. mit dem Prinzip, daß mechanische Erscheinungen eine absolute Bewegung nicht erkennen lassen, sicher vereinbar sind. Wir haben aber diese Sätze auf die Lichtgeschwindigkeit angewandt. Nun sind wir bei dieser in der merkwürdigen — in der reinen Mechanik gar nicht vorkommenden — Lage, daß wir den

Wert der Lichtgeschwindigkeit außerhalb des Systems, in dem wir experimentieren (der Erde), durch astronomische Messungen zahlenmäßig kennen. Gäbe nun die Messung im System (terrestrische Messung) uns einen durch die Bewegung geänderten Wert, wie dies der Satz vom Parallelogramm der Geschwindigkeiten erfordert, so hätten wir damit eine physikalische Erscheinung, deren Wert uns die Bewegung unseres Systems gegen ein anderes durch eine Messung im System lieferte, d. h. einen Widerspruch gegen das allgemeine, auf alle physikalischen Erscheinungen ausgedehnte Relativitätsprinzip in unserer obigen Formulierung. Es bleibt uns daher, wenn wir dies als unbedingt gültig annehmen wollen, kein anderer Ausweg, als mit A. Einstein anzunehmen, daß der Wert der Lichtgeschwindigkeit in jedem ruhenden oder gleichförmig bewegten System, wie er durch Messungen in dem System selbst erhalten wird, derselbe ist. Auf unseren Versuch angewendet, würde das heißen, daß somit in der Bewegungsrichtung wie senkrecht dazu die Lichtwellen sich mit derselben Geschwindigkeit fortpflanzen, d. h. wieder

$$t_1' = t_2' = \frac{2l}{c}$$

ist, und also keine Verschiebung der Interferenzstreifen eintreten kann. Es ist nicht zu verkennen, daß diese Auffassung auf den ersten Blick sehr befremdend anmutet. Wir geben ja z. B. sofort den so fundamentalen Satz vom Parallelogramm der Geschwindigkeiten preis, indem wir

$$c + v = c - v = c$$

für jedes v setzen (vgl. Formel 2) oder mit anderen Worten: wir lassen die endliche Lichtgeschwindigkeit die Rolle einer unendlich großen Geschwindigkeit spielen, und schließen jede größere Geschwindigkeit, jede Überlichtgeschwindigkeit als physikalisch unmöglich aus. Wir können daraus schon vermuten, daß die ganze Kinematik, die Grundlage aller physikalischen Betrachtungen, einschneidenden Veränderungen unterworfen werden wird. Wir sind, indem wir nunmehr die Erscheinungen in einem Raume mit endlicher Maximalgeschwindigkeit sich abspielen lassen, in einer ähnlichen Lage wie der Mathematiker, der die geometrischen Verhältnisse und elementaren Bewegungen in einem Raume von z. B. überall endlicher Krümmung untersucht. Ebenso wie der letztere können auch wir hoffen, ein logisch einwandfreies System mit unserer neuen Annahme aufbauen zu können. Ganz anders liegt es natürlich mit der physikalischen Interpretation dieses rein formalen Systems, die gleichfalls in ihren Grundlagen von Einstein, aber wohl kaum in völlig einwandfreier Form gegeben ist.

Wir wollen aber zunächst einmal, um die neue Kinematik auf Grund dieses aus dem physikalischen Relativitätsprinzip folgenden Prinzips von der Konstanz der Lichtgeschwindigkeit abzuleiten, unsere Gedanken etwas fixieren. Denken wir uns zunächst einen ruhenden Lichtpunkt, so wird die von dem Lichtpunkt ausgehende Lichterregung nach der Zeit t auf einer Kugel sich befinden, die, bezogen auf ein gleichfalls ruhendes Koordinatensystem, die Gleichung

$$x^2 + y^2 + z^2 - c^2t^2 = 0 \tag{7}$$

hat. Denken wir uns nun die Lichtquelle gleichförmig translatorisch bewegt, und beziehen wir alles auf ein mitbewegtes Koordinatensystem, so wird die Lichtausbreitung sich nach der Zeit t' auf der Kugel

$$x'^2 + y'^2 + z'^2 - c^2t^2 = 0 \tag{7'}$$

befinden; denn nach unserem Relativitätsprinzip muß erstens die Lichtausbreitung auch in dem bewegten System auf Kugeln vor sich gehen, da ja die Translationsgeschwindigkeit die Lichtgeschwindigkeit c nicht beeinflußt, und zweitens muß in beiden Systemen c denselben Wert haben, wir brauchen also in der zweiten Gleichung nicht c' zu schreiben. Dagegen müssen wir wohl t' statt t schreiben, da wir uns die Zeit mit Apparaten, die im zweiten System geeicht sind, gemessen denken, und noch nicht wissen, ob die Angaben dieser Apparate von der Bewegung des Systems abhängen oder nicht.

Betrachten wir nun den Vorgang der Lichtausbreitung des von dem bewegten Punkt herkommenden Lichtes wieder von dem ruhenden System aus, denken wir uns also eine bewegte Lichtquelle in einem ruhenden System, und fragen nach der Wellenform, die die Lichterregung dann besitzt, so heißt das, wir müssen die $x'\,y'\,z'\,t'$ in (7') durch $x\,y\,z\,t$ in (7) ersetzen. Wir kommen also auf (7) zurück; auch vom ruhenden System aus betrachtet ist die Wellenfront eines bewegten Lichtpunktes eine Kugel nach unseren Annahmen. Welches sind nun aber allgemein die Formeln, die den Zusammenhang zwischen ruhendem und bewegtem System geben, d. h. die uns die Möglichkeit geben, einen uns im bewegten System bekannten und durch eine Gleichung (z. B. Bahn eines Punktes) oder Differentialgleichung (Wellengleichung, Maxwellsche, mechanische Gleichung) gegebenen Vorgang auf das ruhende System umzurechnen, also die Frage zu beantworten, wie der im bewegten System bekannte Vorgang vom ruhenden aus betrachtet sich abspielt?

Dies sind nun offenbar solche Funktionen:

$$x = x(x', y', z', t'); \qquad y = y(x', y', z', t');$$
$$z = z(x', y', z', t'); \qquad t' = t(x', y', z', t'),$$

die die Gleichung (7') in (7) oder mit anderen Worten in sich selbst überführen, und die Mathematik lehrt, daß diese Forderung zur Bestimmung dieser Funktionen genügt, und daß dieselben die folgende Form haben:

$$(8) \qquad x = \frac{x + vt'}{\sqrt{1 - \frac{v^2}{c^2}}}; \quad y = y'; \quad z = z'; \quad t = \frac{t + \frac{v}{c^2}x}{\sqrt{1 - \frac{v^2}{c^2}}}.$$

Man überzeugt sich durch eine leichte Rechnung, daß diese Formeln (8) in (7') eingesetzt zu Formel (7) führen[4]). Wir berechnen hier statt dessen die Transformation der vier Raum-Zeit-Koordinaten für ein anderes einfaches Beispiel. Als solches diene die Wellengleichung:

$$(a) \qquad \Delta\phi = \frac{1}{c^2}\frac{d^2\phi}{dt^2},$$

wo c die Geschwindigkeit der Störung ist. Die Koordinaten x, y, z, t seien im neuen System x', y', z', t'. Die Invarianzbedingung lautet:

$$(b) \qquad \frac{\partial^2\phi}{\partial x'^2} + \frac{\partial^2\phi}{\partial y'^2} + \frac{\partial^2\phi}{\partial z'^2} - \frac{1}{c^2}\frac{\partial^2\phi}{\partial t'^2} = \frac{\partial^2\phi}{\partial x^2} + \frac{\partial^2\phi}{\partial y^2} + \frac{\partial^2\phi}{\partial z^2} - \frac{1}{c^2}\frac{\partial^2\phi}{\partial t^2}.$$

[4]) Der mathematische Ausdruck dafür ist „Invarianz“.

Die Bewegung erfolge in der Richtung der x-Achse mit der Geschwindigkeit v; dann ist:

$$(c)\qquad \left\{\begin{array}{l} x' = a(v)(x - vt) \\ y' = b(v)y \\ z' = b(v)z \\ t' = e(v)t - f(v)x \end{array}\right\}, \quad \text{wo} \quad \begin{array}{c} a(v) \\ b(v) \\ e(v) \\ f(v) \end{array}$$

noch näher zu bestimmende Funktionen von v sind.

In der $y\,z$-Ebene ist keine Veränderung gegen die $y'\,z'$-Ebene vorhanden; die $x' = 0$-Ebene entspricht der $x - vt = 0$-Ebene.

Durch Differentiation und Koeffizientenvergleichung ergibt sich folgende Transformation:

$$(d)\qquad \phi(x', y', z', t') = \phi\{a(v)(x - vt), b(v)y, b(v)z, e(v)t - f(v)x\}$$

oder nach leicht erkenntlicher Kürzung und Differentiation:

$$(e)\quad \frac{\partial\phi}{\partial x} = a\frac{\partial\phi}{\partial x'} - f\frac{\partial\phi}{\partial t'}; \qquad \frac{\partial\phi}{\partial t} = -av\frac{\partial\phi}{\partial x'} + e\frac{\partial\phi}{\partial t'};$$

$$\frac{\partial^2\phi}{\partial x^2} = a^2\frac{\partial^2\phi}{\partial x'^2} - 2af\frac{\partial^2\phi}{\partial x'\,\partial t'} + f^2\frac{\partial^2\phi}{\partial t'^2}; \qquad \frac{\partial^2\phi}{\partial y^2} = b^2\frac{\partial^2\phi}{\partial y'^2};$$

$$\frac{\partial^2\phi}{\partial z^2} = b^2\frac{\partial^2\phi}{\partial z'^2}; \qquad \frac{1}{c^2}\frac{\partial^2\phi}{\partial t^2} = \frac{a^2v^2}{c^2}\frac{\partial^2\phi}{\partial x'^2} - \frac{2aev}{c^2}\frac{\partial^2\phi}{\partial x'\,\partial t'} + \frac{e^2}{c^2}\frac{\partial^2\phi}{\partial t'^2}.$$

Die Addition der vier Gleichungen und Gleichsetzung mit der ursprünglichen ergibt:

$$(\text{f})\quad \left[a^2 - \frac{a^2v^2}{c^2}\right]\frac{\partial^2\phi}{\partial x'^2} + b^2\frac{\partial^2\phi}{\partial y'^2} + b^2\frac{\partial^2\phi}{\partial z'^2} + \left[\frac{2aev}{c^2} - 2af\right]\frac{\partial^2\phi}{\partial x'\,\partial t'}$$

$$+ \left[f^2 - \frac{e^2}{c^2}\right]\frac{\partial^2\phi}{\partial t'^2} = \frac{\partial^2\phi}{\partial x^2} + \frac{\partial^2\phi}{\partial y^2} + \frac{\partial^2\phi}{\partial z^2} - \frac{1}{c^2}\frac{\partial^2\phi}{\partial t^2}.$$

Die Koeffizientenvergleichung liefert:

$$a^2\left(1-\frac{v^2}{c^2}\right)=1 \qquad e^2-f^2c^2=1 \qquad b=\pm 1 \qquad 2aev=2afc^2$$

$$a=\pm\frac{1}{\sqrt{1-\frac{v^2}{c^2}}}; \qquad e^2-\frac{e^2v^2}{c^2}=1 \qquad f=\frac{ev}{c^2}$$

$$e=\pm\frac{1}{\sqrt{1-\frac{v^2}{c^2}}}$$

oder

$$b(v)=\pm 1; \quad a(v)=e(v)=\pm\frac{1}{\sqrt{1-\frac{v^2}{c^2}}}; \quad f(v)=e(v)\frac{v}{c^2}$$

oder als Endresultat:

$$x'=\frac{x-vt}{\sqrt{1-\frac{v^2}{c^2}}}; \quad y'=y; \quad z'=z; \quad t'=\frac{t-\frac{v}{c^2}x}{\sqrt{1-\frac{v^2}{c^2}}},$$

was in Übereinstimmung mit den in (8) ausgedrückten Werten ist.

Diese Transformation führt also zu den gleichen Werten, wie sie H. A. Lorentz zur Erklärung des Versuches von Morley und Michelson auf Grund der Kontraktionshypothese berechnet hatte. Daher nennt man die Gesamtheit der Ausdrücke auch eine „Lorentz-Transformation“.

Die Einsteinsche Herleitung ist aber viel allgemeinerer Natur; sie greift somit überall auf das tiefste ein. Es gründet sich eine ganz neue Kinematik darauf, deren wichtigste Punkte hier kurz beleuchtet werden sollen. Das Auffälligste ist die Abhängigkeit der Länge von der Geschwindigkeit. Eine bewegte Strecke wird verkürzt. Die Länge des Körpers ist in der Ruhe ein Maximum. Freilich ist die praktische

Verkürzung sehr gering. Bei der größten uns zur Verfügung stehenden Geschwindigkeit, der schon erwähnten Umlaufsgeschwindigkeit der Erde um die Sonne, wird der Erddurchmesser, der den Betrag von rund 12 000 km besitzt, um 6 cm verkürzt. Das Verhältnis v/c beträgt dabei $^1/_{10000}$; diese Größe tritt in der zweiten Potenz in die Formel ein; somit ist der Faktor, der in Rechnung zu ziehen ist, gleich $1/10^8$. Bei den radioaktiven Substanzen treten allerdings noch erheblich größere Geschwindigkeiten auf; ebenso bei den Röntgenstrahlen. So besteht die Hoffnung, an Hand dieser Vorgänge eine experimentelle Entscheidung für oder wider die neue Einsteinsche Theorie zu treffen. Wir dürfen uns nämlich nicht verhehlen, daß sich im Laufe der Entwickelung mancherlei Einwände von sehr berufener Seite kundgegeben haben; vor allen hat M. Abraham schwere Bedenken gegen die Theorie geäußert. Die Diskussion darüber ist noch nicht abgeschlossen. Das noch ungelöste Problem der Gravitation, dem Abraham sich in einer Reihe von neueren Veröffentlichungen widmet, führt ihn zu Ergebnissen, die mit den Einsteinschen Forderungen nicht vereinbar zu sein scheinen.

Die Verkürzung, die ein bewegter Gegenstand in der Bewegungsrichtung erfährt, ist, wie betont werden soll, übrigens stets auf den nicht mitbewegten ruhenden Beobachter bezogen. Bewegt sich letzterer und mit ihm ein etwaiger Maßstab mit, so ergibt die Messung stets den gleichen Wert. Das folgt ja schon aus der obigen Formulierung des Prinzips, daß sich ein Einfluß der Bewegung nicht erkennen lassen kann, da sonst umgekehrt der Bewegungsvorgang absolut erkannt werden könnte.

Was heißt aber eine Veränderung der Länge relativ zum ruhenden Beobachter? Denken wir daran, wie oft wir eine Länge durch eine Zeit wiedergeben! Wir sagen, von Berlin nach Hamburg seien es drei Stunden, wobei wir stillschweigend die Geschwindigkeit eines modernen Schnellzuges der Angabe zugrunde legen. Denken wir uns nun unseren Normalmaßstab, der sich von uns fortbewegen soll, und flamme an seinem Ende zu einer bestimmten Zeit ein Lichtblitz auf, so wird es eine gewisse weitere Zeit dauern, bis der Lichteindruck uns erreicht, oder in unserem Bewußtsein verarbeitet wird. Flammt am anderen Ende im gleichen Augenblick ein gleiches Signal auf, so wird das letztere etwas später zu uns gelangen. Aus der Differenz der beiden Momente des

Eintreffens könnten wir auf Grund der Kenntnis der Übermittelungsgeschwindigkeit die Stablänge berechnen. So gemessen, ergibt sich die Abhängigkeit vom Bewegungszustand. Und was die Zeittransformation angeht, so ist die Angabe, daß eine bewegte Uhr anders gehe als eine ruhende, ebenfalls so zu deuten, daß das Nachgehen nur einem zurückbleibenden Beobachter merkbar sein kann. Geht die Uhr beispielsweise mit Lichtgeschwindigkeit auf die Reise und zurück, so ist bei ihrer Rückkehr, mag die Reise noch so lange gedauert haben, nach dieser Uhr noch gar keine Zeit verflossen. Ein mit ihr Reisender würde also ungealtert an seinen Ausgangspunkt zurückkehren und dort vielleicht ganz andere Generationen antreffen. Die neue Kinematik definiert in erster Linie den Zeitbegriff anders und genauer als die alte; daher kommen alle die anscheinend so gewaltige Umwälzungen bedingenden Neuerungen. Es muß ja jeden einigermaßen philosophisch geschulten Menschen, auch wenn er nicht Physiker oder Mathematiker ist, berühren, wenn er erfährt, daß Länge und Zeit keine absolut feststehenden Größen sind, daß daher auch alle davon abzuleitenden Größen sich als veränderlich ergeben. Mag der praktische Betrag klein oder groß sein, das ist im Grunde einerlei. Daraus erklärt sich das große Interesse, das auch Laien aus gebildeten Kreisen an der neuen Theorie bekunden.

Der Mathematiker Minkowski, der eine neue elegante Formulierung des Einsteinschen Prinzips erdacht hat, eine geometrische Interpretation, äußert an einer Stelle: „In Zukunft werden Raum und Zeit unauflöslich miteinander verbunden sein. Niemand hat einen Ort gesehen, es sei denn zu einer Zeit, noch eine Zeit, es sei denn an einem Ort.“ Nach ihm nennt man das vierdimensionale System ein „Weltsystem“. Zu den drei Raumkoordinaten tritt als vierte die Zeitkoordinate. Man versteht unter der vierdimensionalen Welt also die Zusammenfassung eines Systems, das aus den vier Koordinaten sich zusammensetzt. Drei Koordinaten stehen senkrecht aufeinander; auf jeder steht die vierte Koordinate wieder senkrecht. Wenn hier auch die Anschaulichkeit versagen mag, so ist das für die Rechnung kein Grund, Halt zu machen. Noch eleganter wird die Rechnung und ihre Interpretation durch Einführung imaginärer Bestimmungsstücke. Wir können aber nur hierauf hinweisen. Wer sich für das Relativitätsprinzip interessiert, findet alles hierhin Gehörende in dem Buche von Laue, das in der Monographiensammlung „Die Wissenschaft“ im Verlag von Friedr. Vieweg & Sohn erschienen ist.

Wir kehren noch einmal zu der Besprechung des Zeitbegriffes zurück. Einstein führt den Begriff der Ortszeit ein. Die landläufige Ausdrucksweise dafür, daß irgend ein Ereignis zu irgend einer Zeit stattfindet, ist ungenau. Sie gilt für den am Orte des Geschehens Anwesenden, aber für jeden anderen ergibt sich eine Unklarheit. Somit müssen wir, um die Zeit irgend eines Geschehens auf einen anderen Ort zu beziehen, die Übermittelungsdauer stets in Betracht ziehen. Die Methoden der Zeitmessung sind für solche Betrachtungen natürlich von der größten Wichtigkeit. Der typische Unterschied der Lorentz-Transformation von der gewöhnlichen Transformation von einem ruhenden auf ein bewegtes System ist der, daß in ersterem die Zeit mittransformiert wird. Die andere Transformation, die wir die Galilei-Transformation nennen, erhalten wir aus der Lorentz-Transformation, indem wir für die Geschwindigkeit den Wert ∞ einführen.

Wir erhalten dann die Gleichungen:

$$(9)\qquad \begin{cases} x' = x - vt \\ y' = y \\ z' = z \\ t' = t. \end{cases}$$

Die Invarianz gegenüber dieser Galilei-Transformation ist eine Forderung des Relativitätsprinzips der Mechanik. Somit ist die neue Mechanik viel umfassender und enthält die alte als einen Spezialfall; in letzterer treten nur Geschwindigkeiten auf, die wir neben der großen Geschwindigkeit des Lichtes vernachlässigen können. Doch der Begriff der Ortszeit bedarf noch weiterer Klärung.

Was bedeutet es, daß jedes System eine von seiner Bewegung abhängige Ortszeit besitzt? Denken wir uns zunächst ein ruhendes System. In jedem seiner Punkte befindet sich ein Apparat, der die Zeit zu messen gestattet, z. B. ein Pendel, dessen Schwingungen als Zeiteinheit dienen, und diese Pendel seien in allen Punkten völlig identisch. Um nun die Pendelschwingungen in einem Punkte mit denen in einem anderen vergleichen zu können, geben wir im Punkte 1 in einem fixierten Augenblick ein Lichtsignal. In dem Moment, wo dasselbe den um die Strecke l entfernten Punkt 2 erreicht, schreiben wir dem in 2 befindlichen Pendel die Zeitangabe $t = \frac{l}{c}$ zu. Denken wir uns nun ein zweites wie früher gelegenes, gleichförmig in der Richtung der gemeinsamen x-Achse bewegtes System, das ebenso mit identischen Pendeln in jedem Punkte ausgestattet ist, und koinzidiere sein Anfangspunkt im Moment der Signalaufgabe mit dem Punkte 1 des ruhenden Systems, so wird die Lichterregung, mit der wir die Pendel aufeinander beziehen, sich nunmehr in Kugeln um diesen bewegten Punkt gemäß unserem Prinzip ausbreiten, d. h. das Pendel, das mit dem Punkte 2 koinzidiert, wird, da sich 1 bewegt, in der Zeit $t' = \frac{l'}{c}$ ungleich t zu schwingen beginnen; d. h. das Pendel wird im bewegten System anders reguliert sein, oder die Zeitangabe im zweiten System weicht in allen Raumpunkten von der im ersten ab; jedes System hat eine von seiner Geschwindigkeit abhängende Ortszeit. Auch sieht man aus diesen Überlegungen sofort, daß zwei in einem System gleichzeitige Ereignisse, in einem zweiten zu verschiedenen Zeiten verlaufen, da ja die Gleichzeitigkeitskugeln in beiden Systemen weder identisch sind, noch konzentrisch verlaufen. Bedienen wir uns statt der optischen Regulierung der Pendel mechanischer Vorrichtungen, z. B. durch Zahnräder, die momentan wirken und uns daher gestatten, mit einem Antrieb alle Pendel, sowohl des ersten wie des zweiten Systems, auf einmal in Schwingungen zu versetzen, so werden, falls wir diesen Antrieb im ersten und zweiten System so vornehmen, daß die Anfangspunkte im Moment des Antriebes koinzidieren, wie man ohne weiteres sieht, die Zeitangaben aller Pendel in beiden Systemen identisch. Diese Art der Zeitmessung liegt der auf die Verhältnisse der Mechanik zugeschnittenen Galilei-Transformation zugrunde, während die optische Regulierung der Lorentz-Transformation eigentümlich ist. Wir sehen also, daß der Art und Weise unserer Zeitmessung nach der Einsteinschen Relativitätstheorie eine optische Signalgebung zugrunde liegt, in die die Lichtgeschwindigkeit eingeht, und es wird uns daher rückschauend jetzt plausibel, daß wir über den Wert dieser Lichtgeschwindigkeit umgekehrt durch Zeitmessungen, wie solche ja dem Michelson-Morleyschen Versuch zugrunde liegen, da dieser ja die Zeitdifferenz auf den beiden Wegen PS_1 und PS_2 mißt, nichts erfahren können, sie also für alle Systeme als konstant ansehen müssen. Hätten wir dagegen ein Mittel, die Regulierung dieses gedachten Pendels einmal durch mechanische, ein zweites Mal durch optische Vorrichtungen mit der gleichen Genauigkeit zu bewerkstelligen, dann ließe sich eventuell ein Einfluß der Systemgeschwindigkeit auf die Lichtgeschwindigkeit im System feststellen, und eine Entscheidung für oder gegen die Brauchbarkeit des alten Relativitätsprinzips der Mechanik oder des neuen von Lorentz-Einstein treffen. In der Tat sind die Zeitangaben, die wir in unseren Messungen machen, auf solche optisch regulierte Uhren bezogen gedacht, und zwar sowohl die Zeitangaben bei elektrisch-optischen, wie bei mechanischen Versuchen, und es wird daher erforderlich sein, daß wir die Folgerungen aus der Lorentz-Transformation, die diese Art der Zeitmessung ja eben berücksichtigt, in ihren Anwendungen auf alle Gebiete der Physik zu ziehen versuchen.

Sehen wir nun zuerst zu, wie die neue Kinematik auf Grund der Lorentz-Transformationen aussieht. Wir sahen eben, daß die Zeitdifferenz zwischen zwei Ereignissen eines Punktes im ruhenden und bewegten System verschieden sein muß: Wir fragen nun nach der Umrechnungsformel, d. h. betrachten wir zwei Ereignisse in einem Punkt $x'\,y'\,z'$ des bewegten Systems, zwischen denen die Zeitdifferenz $\Delta t'$ liegt, wie groß ist dann die Zeitdifferenz Δt, in der vom ruhenden System aus beide Ereignisse sich abspielen? Aus der letzten der Formeln (8) folgt als Antwort auf diese Frage sofort:

$$\Delta t = \frac{\Delta t'}{\sqrt{1-\dfrac{v^2}{c^2}}}. \tag{10}$$

Die Zeitdifferenz Δt ist, wie hier nochmals hervorgehoben werden soll, durch Vergleich der Zeitangaben zweier Pendel des ersten Systems ermittelt, die in dem Anfangs- und Endpunkt der von dem betrachteten Punkte zurückgelegten Wegstrecke ruhen. Man sieht leicht, daß man

(10) auch etwas anschaulicher dahin formulieren kann, daß eine mit der Geschwindigkeit v bewegte Uhr im Verhältnis:

$$\sqrt{1-\frac{v^2}{c^2}}$$

langsamer geht als eine ruhende.

Ähnlich liegen die Verhältnisse bei der Länge eines bewegten Stabes, deren Wert sich auch ändert, wenn man ihn vom ruhenden System aus beurteilt. Der Stab liege parallel der x-Achse, die ja in die Richtung der Geschwindigkeit fällt. In dem bewegten System, in dem der Stab ruhen möge, sei seine Länge gemessen mit einem gleichfalls in diesem System ruhenden Maßstab

$$s' = x_1' - x_2'.$$

Wollen wir nun die Länge dieses bewegten Maßstabes im ruhenden System finden, d. h. ihn mit einem ruhenden Maßstab vergleichen, so müssen wir bei Anwendung der Transformationsformeln (8) berücksichtigen, daß wir jede Längenmessung in der Weise vornehmen, daß wir Anfangs- und Endpunkt von Stab und Maßstab zu gleichen Zeiten messen, doch die Messung muß synchron vorgenommen werden. Da nun aus (8) leicht die Umkehrungsgleichungen

$$(8') \qquad x' = \frac{x - vt}{\sqrt{1-\frac{v^2}{c^2}}}; \qquad y' = y; \qquad z' = z; \qquad t' = \frac{t - \frac{v}{c^2}x}{\sqrt{1-\frac{v^2}{c^2}}}$$

folgen, so ergibt sich unter Berücksichtigung des eben Gesagten:

$$s' = x_1' - x_2' = \frac{x_1 - x_2}{\sqrt{1-\frac{v^2}{c^2}}}$$

oder $x_1 - x_2 = s$ gesetzt:

$$(11) \qquad s = s'\sqrt{1-\frac{v^2}{c^2}}.$$

Da nun die Wurzel immer kleiner als Eins ist, so ist die größte gemessene Stablänge die im mitbewegten System gemessene. Vom ruhenden System aus hingegen scheint der bewegte Stab immer um $\sqrt{1-\frac{v^2}{c^2}}$ verkürzt. Das ist genau der Betrag der Lorentz-Kontraktion, die wir so als eine Folge des Relativitätsprinzips oder nach dem oben Ausgeführten als eine Folge unserer Zeitmessung erhalten. In ähnlicher Weise kann man auch Volumina umrechnen, auch die Zusammensetzung von Geschwindigkeiten — wir sahen ja bereits, daß der Parallelogrammsatz nicht mehr streng gilt — läßt sich aus Formeln (8) ableiten; doch soll dies hier übergangen werden.

Wir haben bisher in aller Kürze einen Einblick in den Ideenkreis des Relativitätsprinzips, das ja tief an die Grundlagen aller physikalischen Forschung heranreicht, zu gewinnen versucht, und sehen, wie die Forderung, daß es unmöglich ist, eine absolute Bewegung festzustellen, von der Art der Zeitmessung abhängt, und formulierten schließlich das Prinzip in einer speziell auf unsere mit optischen Mitteln arbeitende Zeitmessung zugeschnittenen Form. Schließlich haben wir die neuen Vorstellungen auf die Behandlung einiger einfachen kinematischen Probleme angewendet. Wir dachten aber auch schon früher daran, daß das Relativitätsprinzip einen erheblichen praktischen Anwendungsbereich in der Physik gefunden hat, indem es uns ganz allgemein eine Möglichkeit darbietet, aus den für ein ruhendes System bekannten Naturgesetzen die für ein bewegtes System gültigen abzuleiten. Skizzieren wir ungefähr diesen Weg für eines der einfachsten Naturgesetze, für die Maxwellschen elektrodynamischen Gleichungen im materiefreien Raume. Das Relativitätsprinzip verlangt, daß diese ihre Form im ruhenden wie im bewegten System beibehalten, d. h. daß bei der Transformation (8) die Gleichungen:

$$(12)\qquad \begin{aligned} &rot\,\mathfrak{E} = -\frac{1}{c}\frac{\partial\mathfrak{H}}{\partial t} && rot\,\mathfrak{H} = \frac{1}{c}\left(\frac{\partial\mathfrak{E}}{\partial t} + \rho\mathfrak{q}\right) \\ &div\,\mathfrak{E} = \rho && div\,\mathfrak{H} = 0 \end{aligned}$$

$$(12') \qquad \begin{aligned} rot\, \mathfrak{E}' &= -\frac{1}{c}\frac{\partial \mathfrak{H}'}{\partial t} & rot\, \mathfrak{H}' &= \frac{1}{c}\left(\frac{\partial \mathfrak{E}'}{\partial t} + \rho' \mathfrak{q}\right) \\ div\, \mathfrak{E}' &= \rho' & div\, \mathfrak{H}' &= 0 \end{aligned}$$

übergehen. Darin bedeuten $\mathfrak{E}$, $\mathfrak{H}$, $\mathfrak{E}'$, $\mathfrak{H}'$ elektrische und magnetische Feldstärke, einmal in der üblichen Weise (durch Kraftwirkung auf eine kleine Probekugel) im ruhenden, das andere Mal im bewegten System gemessen, ρ und ρ' die Dichten und $\mathfrak{q}$ die Geschwindigkeiten etwa im Äther anwesender Elektronen. Es ist nun die Frage, wie alle diese gestrichenen und ungestrichenen Größen miteinander zusammenhängen, d. h. eben wie die im bewegten System gemessene Feldstärke $\mathfrak{E}'$ usw., z. B. vom ruhenden System aus, erscheint.

Um dies nun auf Grund der Forderung (12) und (12') abzuleiten, geht man etwa folgendermaßen vor. Man betrachtet sukzessive eine Größe nach der anderen. Beginnen wir mit der elektrischen Ladung e. Dieselbe ist offenbar vom Bewegungszustand ganz unabhängig, da diese Größe ja, bezogen auf irgend ein festes Bezugssystem, von dem Bewegungszustand des geladenen Teilchens in diesem Bezugssystem ganz unabhängig ist; es muß also

$$e = e'$$

sein. Die Dichte ρ transformiert sich nun, da sie ja gleich

$$\rho = \frac{e}{Volumen}$$

ist, umgekehrt wie die Volumina, deren Transformationsgleichungen wie die der Längen sich kinematisch ableiten lassen. Da wir die Transformationen von der Geschwindigkeit $\mathfrak{q}$ kennen, so ist Konvektionsstrom $\rho\mathfrak{q}$ leicht transformierbar. Wir können diesen Weg hier nicht näher ausführen, aber in dieser Weise erhält man:

$$(13) \qquad \rho = \rho' \frac{1 + \frac{vq}{c^2}}{\sqrt{1-\beta^2}}$$

und ähnlich können wir nun aus (12) und (12'), da wir bis auf $\mathfrak{E}$ und $\mathfrak{H}$ für alle anderen in den Gleichungen auftretenden Größen $\rho, \mathfrak{q}, x, y, z, t$

die Transformationsformeln kennen, und ferner aus der ähnlichen physikalischen Bedeutung von $\mathfrak{E}$ und $\mathfrak{H}$ wissen, daß sich diese Größen symmetrisch bei der Transformation verhalten müssen, die Transformationsgleichungen für die elektrische und magnetische Feldstärke ableiten:

$$(14)\qquad \begin{aligned} \mathfrak{E}_x &= \mathfrak{E}'_x & \mathfrak{H}_x &= \mathfrak{H}'_x \\ \mathfrak{E}_y &= \frac{\mathfrak{E}'_y + \beta\mathfrak{H}'_z}{\sqrt{1-\beta^2}} & \mathfrak{H}_y &= \frac{\mathfrak{H}'_y - \beta\mathfrak{E}'_z}{\sqrt{1-\beta^2}} \\ \mathfrak{E}_z &= \frac{\mathfrak{E}'_z - \beta\mathfrak{H}'_y}{\sqrt{1-\beta^2}} & \mathfrak{H}_z &= \frac{\mathfrak{H}'_z + \beta\mathfrak{E}'_y}{\sqrt{1-\beta^2}} \end{aligned}$$

Wir können aus ihnen sofort ein sehr interessantes Resultat folgern, nämlich das, daß die Zerlegung eines elektromagnetischen Feldes in ein elektrisches und ein magnetisches Feld von der Geschwindigkeit des Beobachters abhängt, daher nur eine relative Bedeutung hat. Ein in einem Koordinatensystem betrachtetes rein elektrisches Feld enthält in einem anders bewegten System eine magnetische Komponente, und umgekehrt.

Es ist natürlich eine mathematisch schwierige Aufgabe, für alle möglichen Gleichungssysteme ähnliche Gedankengänge durchzuführen. Hatten wir ja doch hier den einfachsten Fall der Maxwellschen Gleichungen im Äther herausgegriffen. Schwieriger liegt z. B. schon die Frage, wenn ponderable Körper in Frage kommen. Hier ist die Aufgabe offenbar die folgende. Wir kennen die Vorgänge in ruhenden ponderablen Körpern (Maxwellsche Gleichungen in einem mitbewegten Koordinatensystem). Wir wollen aber die Gleichungen in einem ponderablen Körper haben, der sich mit irgend einer Geschwindigkeit in irgend einem sich gleichfalls gleichförmig bewegenden Koordinatensystem bewegt. Diese Gleichungen müssen nun 1. die gleichförmige Koordinatengeschwindigkeit in einer Form enthalten, die dem Relativitätsprinzip genügt, d. h. keine Geschwindigkeit auszeichnet. Es muß also beim Übergang von einem zum anderen bewegten System durch die Transformation (8) an den Gleichungen nichts geändert werden; 2. müssen für ein mit dem Körper bewegtes System die Maxwellschen Gleichungen für ruhende Körper sich ergeben. Man beweist tatsächlich — es ist dies in allgemeinster Form getan zu haben, ein wesentliches Verdienst des Mathematikers Minkowski — daß diese Forderungen zur Ableitung der neuen Bewegungsgleichungen hinreichend sind, und daß man nur ein solches System von Bewegungsgleichungen erhält. Ähnlich wie früher die Zerlegung des elektromagnetischen Feldes in ein elektrisches und magnetisches Feld nicht mehr eindeutig war, so ist dies jetzt auch mit der Zerlegung des elektrischen Stromes in Leitungs- und Konvektionsstrom der Fall. Diese neuen Minkowski-Einsteinschen Bewegungsgleichungen erklären nun alle bisher bekannten Versuche mit bewegtem Körper quantitativ völlig richtig und sind daher das vollkommenste System der Elektrodynamik, das wir zurzeit besitzen.

Konnte so die Lehre von der Relativität auf dem Gebiete der Elektrodynamik restlos glänzende Erfolge verzeichnen, so stehen sich auf dem Gebiete der Mechanik und Wärmelehre neben großen Erfolgen und tiefen Einblicken auch noch viele schwerwiegende ungelöste Probleme gegenüber. Hier erhalten wir aus dem neuen Prinzip statt der alten Newtonschen Bewegungsgleichungen ganz andere, und vor allem ist es der Begriff der unveränderlichen Masse, den wir der neuen Theorie zum Opfer bringen müssen. Da wir nämlich die Transformationen von Kräften und Beschleunigungen durch die Elektrodynamik bereits festgelegt haben, so ist damit auch die Transformation für die Masse bestimmt, und die Rechnung lehrt, daß die Masse in einem bewegten System anders ausfällt als in einem ruhenden, sie hängt also von der Geschwindigkeit ab. Allerdings ist diese Abhängigkeit, da sie den Faktor $\frac{\text{Körpergeschwindigkeit}}{\text{Lichtgeschwindigkeit}}$ enthält, eine so geringe, daß man sie bei den üblichen Geschwindigkeiten der Mechanik unbedenklich vernachlässigen kann, und so erhalten wir die alte Newtonsche Mechanik als Grenzfall der neuen. Aber anders liegen die Dinge bei den am raschesten bewegten Körpern, die wir kennen, bei den Kathoden- und Kanalstrahlenteilchen, bei den α- und β-Teilchen des Radiums usw. Hier müssen die Experimente über die Gültigkeit der Relativitätsmechanik entscheiden und die Abhängigkeit der Masse von der Geschwindigkeit ergeben. In der Tat liegen solche Versuche vielfach vor, doch entscheiden sie die Frage noch nicht mit der wünschenswerten Genauigkeit, wenn sie auch zweifelsohne eine Abhängigkeit von Masse und Geschwindigkeit konstatieren. Einen weiteren sehr interessanten Zusammenhang liefert das Prinzip für das Verhältnis von Wärme- und mechanischer Energie, die vermöge des Relativitätsprinzips in eine ähnlich enge Abhängigkeit voneinander treten wie elektromagnetische Energie und Joulesche Wärme. Dem steht aber als ein großes Problem der Relativitätstheorie das Schwerkraftproblem gegenüber. Auch für diese Kraft müssen wir eine endliche Ausbreitungsgeschwindigkeit annehmen, was bisher noch durch kein Experiment gestützt ist. Versucht man nun aber Bewegungen im Schwerkraftsfelde zu betrachten — und wir haben ja kein Mittel, die Schwerkraft abzuschirmen —, so treten neue Schwierigkeiten auf, und diese Probleme sind zurzeit noch heftig umstritten und von einer allgemein gültigen Lösung weit entfernt. Wie aber auch die Weiterentwickelung werden mag, jedenfalls bedeutet die Einsteinsche Hypothese sowohl in ihrer exakten Formulierung der Zeitmessung und den daraus sich ergebenden geometrischen und kinematischen Beziehungen, wie auch in ihren praktisch physikalischen Erfolgen einen fundamentalen Fortschritt.

Fortschritte der Thermodynamik.

Es sind jetzt 25 Jahre vergangen, seit H. Hertz seine epochemachenden Entdeckungen in den klassischen Arbeiten „Über die Ausbreitungsgeschwindigkeit der elektrodynamischen Wirkungen“ und „Über die Strahlen elektrischer Kraft“ in den Sitzungsberichten der Berliner Akademie der Wissenschaften bekannt gab. Mit einem Schlage hob sich der Schleier, der das große Gebiet der Elektrizitätslehre verhüllt hatte. Der Nachweis stehender Wellen im Auditorium des Karlsruher Instituts, die Brechung und Reflexion derselben enthüllten Ausbreitungsgeschwindigkeit und Natur der elektrischen Schwingungen. Nicht nur die praktischen Erfolge dieser Entdeckung, die Hertzsche[5]) Funkentelegraphie mit ihrer selbst dem Laien verständlichen Tragweite zeigen den Wert dieser Versuche, noch mehr ist es der Erfolg der reinen Wissenschaft, welcher Zeit, Ort und Hilfsmitteln dieser Entdeckung für immer eine historische Bedeutung verleiht. War doch die Brücke geschlagen zwischen zwei großen Gebieten der Physik, der Elektrizität und der Optik. Die Faraday-Maxwellsche Theorie von der Verwandtschaft des Lichtes und der Elektrizität hatte ihre experimentelle Bestätigung gefunden; es war bewiesen, daß sich die Strahlen der elektrischen Kraft mit einer zwar ungeheuer großen, aber doch endlichen, meßbaren Geschwindigkeit ausbreiten, die ebensogroß ist wie die des Lichtes.

Freilich war damit die Frage nach dem Wesen der Elektrizität noch nicht gelöst; aber man hatte in ihr eine neue Form der Energie erkannt, die sich nach den gleichen Gesetzen wie die strahlende Wärme und die sichtbaren Lichtstrahlen ausbreitete. Die älteren Auffassungen der Elektrizität als eines Fluidums, die sich wohl hauptsächlich der bequemen und anschaulichen Darstellungsweise halber so lange gehalten hatten, waren jetzt hinfällig geworden und der energetische Charakter trat mehr und mehr in den Vordergrund.

---

[5]) Statt drahtloser Telegraphie würde man besser obigen Ausdruck brauchen; die Franzosen schreiben neben télégraphie sans fil auch télégraphie hertzienne.

Wie bei jeder Theorie, so stellten sich auch in diesem Falle bald Schwierigkeiten ein und das Bedürfnis nach einer Erweiterung. Wir haben gesehen, wie sich aus dem Ausbau der Hertz-Maxwellschen Theorie die neue Theorie der Elektrizität — die Elektronentheorie — entwickelt hat, die, ohne auf die Maxwellschen Gleichungen zu verzichten, durch passende Erweiterung der Auffassung und der Form zu so schönen Resultaten geführt hat. Das Wesentliche dieser neuen Auffassung ist die Erkenntnis, daß die Elektrizität atomistischen Charakter haben muß, daß es ein elektrisches Elementarquantum gibt, eine genau definierte Menge von Elektrizität, die den kleinsten selbständig in Aktion tretenden Betrag darstellt. Es liegt nun die Frage nahe, wie sich diese Auffassung mit obiger energetischen verträgt: Auf den ersten Blick gar nicht, da man — wie das ja auch in den ganzen Vorstellungen von Faraday und Maxwell begründet ist — die Energie als etwas Kontinuierliches und von allen dem Stofflichen anhaftenden Eigenschaften Unabhängiges sich gedacht hatte. Dieser Widerspruch scheint jetzt gemildert, da in neuester Zeit auch die Energie einen atomistischen Charakter gewonnen hat, als Frucht der Forschungen unserer bedeutendsten theoretischen Physiker. Bei dem Versuch, die experimentellen Ergebnisse der Versuche über die Strahlung theoretisch zu deuten, ist Planck zu der Auffassung gelangt, daß die Energie, die ein schwingendes System aufnimmt oder abgibt, nicht kontinuierlich absorbiert oder emittiert wird, sondern staffelweise, in sogenannten Energiequanten. Es ist dies eine Idee von ungeheurer Tragweite. Wie der vor kurzem verstorbene französische Mathematiker Poincaré sagt, bedeutet sie die größte und tiefste Umwälzung der Naturphilosophie seit Newton.

Mit diesen Energiequanten soll sich unser heutiger Vortrag beschäftigen. Wir beginnen mit einer historischen Übersicht des Entwickelungsganges der Strahlungstheorie, dann mögen die Überlegungen folgen, die zu der Einführung dieses Begriffes geführt haben, darauf die Erfolge der neuen Auffassung sowie die entgegengehaltenen Argumente. Die Erfolge liegen hauptsächlich auf zwei Gebieten; sie bestehen einmal in der erfolgreichen Wiedergabe der beobachteten Resultate der Strahlung durch die Formeln der Theorie, sodann zweitens in der Erweiterung unserer Kenntnisse von der Natur der festen Körper. Über den Energieinhalt derselben, über die spezifische Wärme und ihr Verhalten bei tiefen Temperaturen gibt die von Nernst und Einstein erweiterte Plancksche Theorie ganz neue Aufschlüsse.

Wir beginnen mit einem kurzen Überblick über die historische Entwickelung der Strahlungstheorie.

Die Vorgänge der Emission der sichtbaren und der ihnen benachbarten ultraroten und ultravioletten Strahlen zerfallen in zwei wesentlich verschiedene Klassen, erstens diejenige, bei welcher die ausgesandte Strahlung lediglich von der Temperatur abhängt, die sogenannte „reine Temperaturstrahlung", zweitens diejenige, bei welcher die Temperatur keine wesentliche oder doch nicht die einzig wesentliche Rolle spielt; letztere, die man als „Luminiszenz" bezeichnet, spielt bei unseren jetzigen Betrachtungen einstweilen keine Rolle.

Das Gebiet der Temperaturstrahlung ist ein sehr großes; es umfaßt z. B. alle Vorgänge, von denen man in den künstlichen Leuchtquellen als Lichtquelle Gebrauch macht; die Licht- und Wärmestrahlung, die von der Sonne zur Erde durch den Weltenraum gelangt und die Quelle aller Bewegung und alles Lebens auf der Erde ist, stellt uns den zu besprechenden Vorgang wohl im größten und schönsten Maßstabe dar.

Wenn wir einen Körper erwärmen, z. B. mit Hilfe einer Flamme, so wird seine Temperatur stetig immer höher. Wir denken uns den Vorgang so, daß die Moleküle des Körpers in immer heftigere Bewegung geraten. Äußerlich verrät sich dies bei festen und flüssigen Körpern durch die räumliche Ausdehnung; dem Gefühl verrät sich die Wirkung durch das Auftreten eines mit unseren Gefühlsnerven wahrnehmbaren Agens, das wir als Wärme bezeichnen. Bei Gasen zeigt sich ebenfalls eine noch relativ stärkere Volumvergrößerung oder bei konstant gehaltenem Volumen ein wachsender Druck; das Maß für die Heftigkeit der hypothetischen Bewegung der einzelnen Moleküle oder ihre lebendige Kraft ist die Temperatur. Ich erinnere hier an die Erörterung der Grundgedanken der kinetischen Theorie der Gase

Wenn ein Körper über eine bestimmte Temperatur erhitzt wird, so beginnt er meist eine dem Auge sichtbare Strahlung auszusenden, und zwar glüht er bei etwa 525° rot, bei 1000° gelb, bei 1200° weiß. Er sendet dann außer den Wärmestrahlen auch Lichtstrahlen aus. Man nennt diesen Vorgang „Emission". Umgekehrt erwärmt sich ein Körper, wenn Licht- oder Wärmestrahlen auf ihn auftreffen. Hierbei zeigen sich sehr charakteristische Unterschiede; erfahrungsgemäß weiß jeder, daß dunkle Körper bei gleicher Bestrahlung ungleich mehr davon aufnehmen, weiße dagegen viel mehr zurückwerfen; ersteren Vorgang nennt man Absorption, letzteren Reflexion. Bei sehr tiefen Temperaturen kann gleichwohl die Erwärmung durch die Strahlung sehr hohe Werte annehmen; ich erinnere an Bergtouren im Winter. Genaue Messungen der Lufttemperatur sind deshalb nur möglich mittels des von v. Sigsfeld und Assmann konstruierten Aspirationsthermometers, bei dem die zu messende Luft an einem vor Strahlung geschützten Thermometer vorbeigesaugt wird. Besonders im Ballon ist dies Instrument bei genauen Messungen unentbehrlich.

Einen Körper, der alle auf ihn treffende Strahlung absorbiert, nennt man „einen vollkommen schwarzen" Körper; ein solcher existiert in Wirklichkeit nicht, er ist ein Idealfall, von dessen Verwirklichung man nicht weit entfernt ist. Lampenruß und Platinschwarz zeigen mit großer Annäherung das Verhalten des idealen schwarzen Körpers, und noch angenäherter wird die schwarze Strahlung durch einen Hohlraum mit kleiner Öffnung realisiert.

Unter Einführung dieses schwarzen Körpers hat Kirchhoff im Jahre 1860 ein Gesetz aufgestellt, das aussagt: Das Emissionsvermögen eines beliebigen Körpers ist gleich seinem Absorptionsvermögen multipliziert mit dem Emissionsvermögen des vollkommen schwarzen Körpers, oder: Das Verhältnis zwischen Emission und Absorption eines jeden Körpers ist gleich der Emission des vollkommen schwarzen Körpers

$$\frac{E_\lambda}{A_\lambda} = S_\lambda.$$

Ist $A_\lambda = 1$, so wird $E_\lambda = S_\lambda$, also ist S_λ das Emissionsvermögen eines Körpers, dessen Absorptionsvermögen 1 ist, d. h. eines Körpers, der alle Strahlen der Wellenlänge λ absorbiert. Wenden wir diese Gleichung der Reihe nach auf alle verschiedenen Wellenlängen an, so stellt S_λ die Emission eines Körpers für alle Wellenlängen dar, dessen Absorptionsvermögen für alle Wellenlängen gleich 1 ist; das ist der sogenannte absolut schwarze Körper.

Die wichtigste Folgerung aus dem Kirchhoffschen Gesetz ist die, daß ein Körper, der für Strahlen einer bestimmten Wellenlänge ein bevorzugtes Emissionsvermögen besitzt, für dieselben Strahlen auch ein besonders ausgeprägtes Absorptionsvermögen besitzen muß; das ist das Grundprinzip der Fraunhoferschen Linien. Es ist dies freilich ein viel allgemeinerer Vorgang und zwar der Ausdruck einer allgemeinen Eigenschaft aller Resonanzphänomene. Alle schwingenden Systeme vermögen Schwingungen ihrer Eigenfrequenz am besten zu absorbieren. So gerät ein Pendel in lebhafte Schwingung, wenn es mit einem zweiten synchron schwingenden in Verbindung steht. So wird eine Stimmgabel oder Klaviersaite durch den Eigenton zum Mitklingen veranlaßt.

Strahlentheoretisch ist das Gesetz von Kirchhoff die erste feste Basis. Für die reine Temperaturstrahlung setzt es die Emission aller in der Natur vorkommenden Körper in eine einfache Beziehung zu der eines Grundkörpers. Kirchhoff selbst hat die Bedeutung seines Satzes scharf hervorgehoben und ausgesprochen, daß die ganze Fruchtbarkeit dieses Gesetzes sich erst zeigen werde, wenn auf experimentellem Wege die Form der Funktion gefunden worden ist, die die Strahlung des schwarzen Körpers für jede Wellenlänge und jede Temperatur zu bestimmen gestattet.

Von den verschiedenen Versuchen, eine solche Beziehung zu finden, seien alle übergangen bis zu der im Jahre 1879 von Stefan formulierten Annahme:

$$E = \sigma T^4;$$

dieser auf rechnerischem Wege aus den Resultaten anderer Forscher abgeleitete Satz sagt aus, daß die Gesamtstrahlung des schwarzen Körpers proportional der vierten Potenz der absoluten Temperatur sei.

Eine theoretische Herleitung des Gesetzes gab 1889 Boltzmann auf thermodynamischer Grundlage und unter Annahme des Maxwell-Bartolischen Strahlungsdruckes. Die Strahlungsenergie im Inneren eines Hohlraumes, der durch einen beweglichen Stempel verschlossen ist, wird einmal zur Temperatursteigerung, dann auch zur Arbeitsleistung durch Verschiebung des Stempels verwendet. Es ist dann

$$J\,.\,dQ = d(xE) + p\,dx = E\,dx + x\,dE + \frac{E}{3}\,dx,$$

da $p = \frac{E}{3}$ nach Maxwell ist.

$$J\,.\,dQ = x\,dE + \frac{4}{3}E\,dx = x\phi'(T)\,dT + \frac{4}{3}\phi(T)\,dx$$

$$J\,.\,\frac{dQ}{T} = \frac{x\phi'(T)}{T}\,dT + \frac{4}{3}\frac{\phi(T)}{T}\,dx,$$

wo J das mechanische Äquivalent der Wärme bedeutet.

Da $\frac{dQ}{T}$, die Entropievermehrung, ein vollständiges Differential sein muß, so gilt:

$$\frac{\partial}{\partial x}\left[\frac{x\phi'(T)}{T}\right] = \frac{\partial}{\partial T}\left[\frac{4}{3}\,\frac{\phi(T)}{T}\right]$$

oder nach Integration:

$$\frac{\phi'(T)}{T} = \frac{4}{3}\,\frac{\phi'(T)}{T} - \frac{4}{3}\,\frac{\phi(T)}{T^2},$$

daraus folgt:

$$\frac{\phi'(T)}{\phi(T)} = \frac{4}{T};$$

ferner:

$$\frac{\phi'(T)}{\phi(T)}\,dT = \frac{4}{T}\,dT,$$

woraus sich nach Integration ergibt:

$$l_{nat}\phi(T) = 4l_{nat}T + l_{nat}A,$$

oder endlich:

$$\phi(T) = AT^4.$$

Also ist die Energie proportional der vierten Potenz der absoluten Temperatur. In der Beleuchtungstechnik spielt dieses Gesetz eine wichtige

Rolle. Die Erzielung hoher Temperaturen ist die fundamentale Aufgabe; somit muß man Lampen aus solchen Metallfäden herstellen, die sehr hohe Temperaturen aushalten, ohne zu schmelzen oder zu sublimieren. Nächst dem sehr seltenen und teuren Osram kommt hier das Wolfram in Frage.

Die experimentelle Bestätigung für die Existenz des Ätherdruckes gab Lebedew (1900). Er beobachtete die Ablenkung einer feinen Drehwage.

Fig. 19.

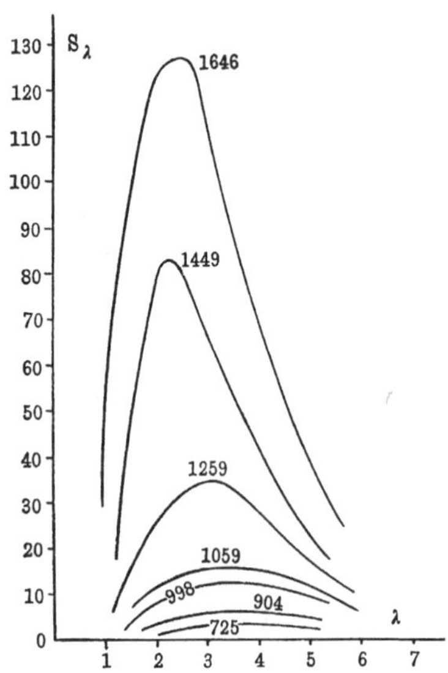

Die nächst wichtige Frage, deren Lösung sich Lummer und Pringsheim widmeten, war die, wie die Emission des schwarzen Körpers für jede Temperatur auf die Strahlen verschiedener Wellenlänge verteilt ist. Um dies festzustellen, bedienten sie sich des Lummer-Kurlbaumschen Glühtopfes, dessen Prinzip bereits Kirchhoff angegeben hatte.

Die Energiemessung erfolgte bolometrisch. Das Hauptergebnis ist: Die Kurven (λ als Abszisse, S als Ordinate) für verschiedene Temperaturen schneiden einander nie, jede Kurve höherer Temperatur liegt vollständig oberhalb der Kurve tieferer Temperatur, d. h. die Energie jeder einzelnen Wellenlänge wächst mit steigender Temperatur. Die maximale Wellenlänge liegt für die verschiedenen Kurven an verschiedenen Stellen, und zwar rückt mit steigender Temperatur das Maximum immer mehr nach kleineren Wellenlängen (s. Fig. 19). Diese Beobachtungen spiegeln mit großer Genauigkeit ein inzwischen von W. Wien auf theoretischem Wege abgeleitetes Gesetz wider, das man meist mit dem Namen Wiensches Verschiebungsgesetz bezeichnet. In seiner einfachsten Form lautet es:

$$\lambda_{max} \,.\, T = Const,$$

die Konstante beträgt nach Lummer und Pringsheim 2940; die Zahlen mögen die Übereinstimmung zeigen:

T	λ_{max}	$\lambda_{max} \,.\, T$
621,2	4,53	2814
723,0	4,08	2950
908,5	3,28	2980
998,5	2,96	2956
1094,5	2,71	2966
1259,0	2,35	2970
1460,4	2,04	2974
1646,0	1,78	2928

Mittel: 2940

Das Verschiebungsgesetz von Wien lautet in der Differentialform:

$$\frac{dT}{T} = -\frac{d\lambda}{\lambda}.$$

Es wurde übrigens von H. A. Lorentz aus seiner elektromagnetischen Theorie abgeleitet und von M. Abraham und Jeans nochmals bewiesen.

W. Wien stellte einen weiteren Satz auf, der eine Beziehung zwischen der maximalen Strahlung und der Temperatur gab, und zwar ist

$$S_{max} \, . \, T^{-5} = const.$$

Auch dieses Gesetz bestätigten Lummer und Pringsheim durch das Experiment und fanden die Konstante $= 2188 \, . \, 10^{-17}$. Ein weiterer Schluß von W. Wien ergibt eine Beziehung zwischen der Energie und der Wellenlänge bei einer bestimmten Temperatur. Es ist

$$e(\lambda_1 T) = f(T) F(\lambda, T),$$

$f(T)$ ist dadurch bestimmt, daß

$$\int_0^\infty e \, d\lambda = const \; T^4$$

sein muß.

Setzt man $\lambda T = z$, so ist

$$\int_0^\infty e \, d\lambda = f(T^1) \int_0^\infty \frac{F(z) \, dz}{T} = const \; T^4,$$

woraus $f(T) = const \; T^5$ in Übereinstimmung mit obigem folgt. Es ist also:

$$e = T^5 F(\lambda, T) \quad \text{oder} \quad e = \frac{F(\lambda T)}{\lambda^5}.$$

Die Bestimmung von F ist ohne Hinzunahme hypothetischer Elemente aus der Thermodynamik nicht abzuleiten.

Während die auf das Maximum der Energie bezüglichen Wienschen Gesetze durch die Versuche von Lummer und Pringsheim vollkommen bestätigt wurden, war das mit der Wienschen Gleichung für die Energieverteilung im Spektrum des schwarzen Körpers, die von sehr unsicheren kinetischen Hypothesen ausgeht, nicht der Fall. Schreibt man die Gleichung in der Form, die ihr Wien nach seiner Bestimmung der Funktion F gegeben hatte:

$$S_\lambda = \frac{C}{\lambda^5 e^{c/\lambda T}}$$

und vergleicht die graphische Wiedergabe mit den Resultaten der Beobachtung, so ergeben sich systematische Abweichungen.

Freilich hatte inzwischen Paschen eine sehr gute Übereinstimmung seiner Messungen mit der Wienschen Formel gefunden, und Planck hatte aus der Theorie der elektrischen Schwingungen mit Hilfe der Thermodynamik eine neue Herleitung des Wienschen Gesetzes gegeben. Er glaubte, dieser Ableitung ein hohes Maß von Sicherheit zuschreiben zu können; er sah die Wiensche Gleichung als eine notwendige Folge der Anwendung des Prinzips von der Vermehrung der Entropie auf die elektromagnetische Strahlung an und gab ihr damit die gleichen Grenzen der Gültigkeit wie dem zweiten Hauptsatz.

Die Abweichungen wachsen, wie Lummer und Pringsheim fanden, sichtbar mit steigender Wellenlänge. Als auch Versuche von Rubens und Kurlbaum das Resultat von Lummer und Pringsheim bestätigten, beugte sich — wie Pringsheim sich ausdrückt (Arch. f. Math. u. Phys. VII) — die Theorie dem Experiment und Planck gab eine neue Gleichung für die Energieverteilung von der Form

$$S_\lambda = \frac{C}{\lambda^5(e^{c/\lambda T} - 1)}.$$

Die Konstante c ist $= 14\,600$; die neu auftretende 1 ist für kleines λ ohne erheblichen Einfluß. Bei $\lambda \,.\, T = 3000$ ist $e^{c/\lambda T} = 130$; der Fehler also etwas größer als 1 Proz.; wächst aber λT auf $30\,000$, so beträgt $c/\lambda T = {}^1\!/_2$ und $e^{c/\lambda T} = 1,65$; die Subtraktion von 1 verringert also den Wert der Größe S_λ beinahe auf ${}^1\!/_3$ des nach Wien berechneten Wertes.

Die von Planck zuerst auf Grund der Versuche von Lummer und Pringsheim aufgestellte Gleichung, die wiederum von Paschen (1901) bestätigt wurde, ist dann von ihm theoretisch abgeleitet. Sie ergibt die volle Harmonie zwischen Experiment und Theorie und stellt somit das von Kirchhoff gesetzte Ziel dar. Sie soll uns im folgenden beschäftigen und ihre Bedeutung mit spezieller Berücksichtigung der neu aus ihr abgeleiteten Quantentheorie eingehend gewürdigt werden.

Wir beginnen mit der mathematischen Herleitung der Strahlungsformel von Planck. Dabei folgen wir der Darstellung von W. Wien.

Gebrauch gemacht wird von drei Fundamentalannahmen:

1. Der Auffassung des Entropiebegriffes als einer Wahrscheinlichkeitsgröße (nach Boltzmann).

2. Der Maxwellschen elektromagnetischen Grundgleichung für die Energie des Resonators im Zusammenhang mit der Wellenlänge und der Emissionsenergie.

3. Dem Wienschen Verschiebungsgesetz.

Das wichtigste sind die neu einzuführenden Energiequanten.

In der Formulierung der ersten Annahme ist — wie bald gezeigt werden soll — die neue Auffassung der gestaffelten Energieänderung, der Quanten, enthalten.

Die Plancksche Theorie ist eine Kombination der Hertz-Maxwellschen elektromagnetischen Strahlungstheorie mit einer statistischen Wahrscheinlichkeitsbetrachtung auf thermodynamischer Grundlage. Was den Zusammenhang zwischen Entropie und Wahrscheinlichkeit anlangt, so kann man zunächst eine allgemeine Beziehung aus den Eigenschaften beider ableiten. Die Gesamtentropie zweier voneinander unabhängiger Systeme ist gleich der Summe der einzelnen Entropien

$$S = S_1 + S_2.$$

Die Wahrscheinlichkeit für die Existenz zweier unabhängiger Ereignisse ist bekanntlich gleich dem Produkt der einzelnen Wahrscheinlichkeiten

$$W = W_1 \,.\, W_2.$$

Ist nun $S = f(W)$ so ist $S_1 = f(W_1)$ und $S_2 = f(W_2)$; ferner

$$S_1 + S_2 = f(W_1 \,.\, W_2) = f(W_1) + f(W_2).$$

Diese Gleichung wird erfüllt, wenn

$$S = f(W) = k \, log \, W + const \text{ ist.}$$

Die Gesamtheit der schwingenden Resonatoren, deren Zahl $= N$ ist, besitzt eine Energie U_N; auf jeden Resonator, d. h. auf jedes Emissionszentrum kommt eine mittlere Energie; die Anzahl der Emissionszentren ist endlich; soll die Anzahl der Energieverteilungsmöglichkeiten ebenfalls eine endliche sein, und diese Forderung ist nötig, denn sonst hätte das ganze Problem keinen Sinn in seiner Auffassung als Wahrscheinlichkeitsproblem, so folgt daraus, daß die auf die einzelnen Zentren zu verteilende Energie nicht beliebig teilbar ist, sondern aus nicht weiter unterteilbaren Energieelementen bestehen muß; sonst wären eben unendlich viele Verteilungsmöglichkeiten vorhanden. Da hier der Kern unseres neuen Problems liegt, so sei ein Bild zum Vergleich herangezogen. Es soll unter eine bestimmte Anzahl von Personen eine bestimmte Summe Geldes verteilt werden. Die Verteilungsmöglichkeiten sind, wenn die Teilung restlos aufgehen soll, natürlich um so geringer, je kleiner die Teilbarkeit der Summe ist. Sind die angenommenen 1000ℳ in 10 Scheinen vorhanden, so glückt die Verteilung eine ganz bestimmte Anzahl mal, die aus der Lehre von den „Kombinationen" bestimmt wird; sind 50 Stücke zu 20ℳ vorhanden, so wächst die Verteilungsmöglichkeit. Ist die Teilbarkeit aber unbegrenzt, so verliert die Aufgabe ihren Sinn. Umgekehrt verlangt die Forderung einer endlichen Anzahl von Verteilungen, wie hieraus klar hervorgeht, die Existenz eines Teilfaktors, einer Einheit. Kehren wir jetzt zu der Ableitung der Formel zurück.

Das endliche Energieelement sei ε, dann ist $U_N = NU = M \,.\, \varepsilon$, wo M eine ganze Zahl ist. Die Kombinationslehre ergibt die möglichen Verteilungen zu

$$\frac{(M+N-1)!}{(N-1)!\,M!}.$$

Nach der Stirlingschen Formel ist für großes N

$$N! = \left(\frac{N}{e}\right)^N \cdot \sqrt{2\pi N}$$

oder

$$log\, N! = \tfrac{1}{2}\, log(2\pi N) + N(log\, N - 1)$$

oder angenähert unter Fortlassung der Glieder, die N in der ersten Potenz enthalten,

$$log\, N! = N\, log\, N.$$

Die Entropie $S_n = k\, log\, W + const$ ist also auch

$$S_n = k\{(M+N)\, log(M+N) - N\,.\, log\, N - M\,.\, log\, M\} + const$$

oder nach Einführung von U und ε

$$S_n = kN\left\{\left(1+\frac{U}{\varepsilon}\right) log\left(1+\frac{U}{\varepsilon}\right) - \frac{U}{\varepsilon}\, log\, \frac{U}{\varepsilon}\right\} + const.$$

Da die Entropie der Anzahl N proportional sein muß, ist $const = 0$ und die mittlere Entropie des einzelnen Resonators

$$S = k\left\{1+\frac{U}{\varepsilon}\, log\left(1+\frac{U}{\varepsilon}\right) - \frac{U}{\varepsilon}\, log\, \frac{U}{\varepsilon}\right\}.$$

Nun ist nach der thermodynamischen Definition

$$dU = T\, dS,$$

also

$$\frac{dS}{dU} = \frac{1}{T} = \frac{k}{\varepsilon}\, log\, \frac{1+U/\varepsilon}{U/\varepsilon},$$

woraus

$$e^{\varepsilon/kT} = \frac{1+U/\varepsilon}{U/\varepsilon}$$

und weiter

$$U = \frac{\varepsilon}{e^{\varepsilon/kT}-1}$$

folgt. Dies ist die Beziehung zwischen Energie und Temperatur.

Zur Berechnung der Emission dient die aus der elektromagnetischen Strahlungstheorie folgende Gleichung

$$e_\lambda = \frac{cU}{\lambda^4}, \quad \text{wo} \quad c = 3\,.\,10^{10}\,\text{cm/sec}$$

die Lichtgeschwindigkeit ist.

Die Kombination mit der vorhergehenden Gleichung liefert

$$e_\lambda = \frac{c\varepsilon}{\lambda^4} \cdot \frac{1}{e^{\varepsilon/kT} - 1}.$$

Hinzu kommt noch das Verschiebungsgesetz, nach dem $e^{\varepsilon/kT}$ eine Funktion von λT sein muß.

Daraus folgt, daß ε umgekehrt proportional der Wellenlänge sein muß; es sei

$$\varepsilon = \frac{hc}{\lambda},$$

dann ist

$$(*) \qquad e_\lambda = \frac{c^2 h}{\lambda^5} \frac{1}{e^{hc/k\lambda T} - 1}$$

in Übereinstimmung mit der Formel auf S. 123

$$S_\lambda = \frac{C}{\lambda^5 (e^{c/\lambda T} - 1)},$$

e_λ ist die Intensität eines monochromatischen geradlinig polarisierten Strahles von der Wellenlänge λ, der von einem auf der Temperatur T befindlichen schwarzen Körper senkrecht zur Oberfläche in das Vakuum emittiert wird. Für kleine Werte von λT geht die Gleichung (*) über in die Gleichung

$$e_\lambda = \frac{c^2 h}{\lambda^5} \cdot e^{-\frac{ch}{k\lambda T}},$$

die das Wiensche Energieverteilungsgesetz ausspricht. Für große Werte von λT hingegen wird

$$e_\lambda = \frac{ckT}{\lambda^4},$$

eine von Rayleigh aufgestellte und nach ihm benannte Strahlungsformel. Hieraus erkennt man die umfassende Bedeutung der Planckschen Gleichung. Die Größen h und k lassen sich aus den Messungen von Kurlbaum und Lummer und Pringsheim berechnen:

$$h \text{ ist } = 6,55 \,.\, 10^{-27}\,\text{erg/sec} \quad \text{oder} \quad 6,55 \,.\, 10^{-34}\,\text{Joule/sec},$$
$$k \text{ ist } = 1,346 \,.\, 10{-}16\,\text{erg/grad} \quad \text{"} \quad 13,46 \,.\, 10^{-24}\,\text{Joule/grad}.$$

Auch auf die wichtige Frage, inwiefern einer Strahlung Temperatur und Entropie zugeschrieben werden könne, gibt die Quantentheorie ebenfalls Auskunft, da ihr zufolge der Strahlungsvorgang ein ebenso ungeordneter ist wie die molekulare Bewegung in einem Gase. Als Temperatur der Strahlung muß die Temperatur des Körpers betrachtet werden, von welchem sie ausgeht, und die Entropie bestimmt sich in gleicher Weise durch den Logarithmus der Wahrscheinlichkeit des herrschenden Zustandes wie bei einem Gase.

Ein weiteres Ergebnis der Planckschen Theorie, das auf einem ganz anderen Gebiete liegt, ist die theoretische Ableitung zweier fundamentaler Naturkonstanten, der Zahl N und der Zahl e; erstere, die Anzahl Gasmoleküle in 1 cbcm bei 0° und 760 mm Quecksilber ergibt $2,76 \,.\, 10^{19}$, letztere wird $e = 4,69 \,.\, 10^{-10}$ e.s.e in guter Übereinstimmung mit den neuesten experimentellen Befunden von Rutherford und anderen. Genauere Angaben hierüber haben wir in dem Vortrage über Größe und Zahl der Moleküle gebracht. Endlich ist in den Strahlungsgesetzen ein wirklich absolutes Maßsystem, das sogenannte natürliche Maßsystem, enthalten, indem sich die Grundeinheiten so festsetzen lassen, daß außer der Gravitationskonstanten die drei Konstanten der Planckschen Strahlungsformel, das Wirkungsquantum, die auf ein Atom bezogene Gaskonstante und die Lichtgeschwindigkeit sämtlich = 1 werden. Die dadurch festgelegten Einheiten wären von allen irdischen Faktoren frei und müßten z. B. für die Marsbewohner das gleiche System liefern wie auf der Erde oder einem beliebigen Planeten, auch stets reproduzierbar sein.

Es sei jetzt kurz eine Schwierigkeit der Quantentheorie erwähnt. Wie aus der Ableitung hervorgeht, besitzt sie — und das ist Planck selbst von vornherein klar gewesen — einen wunden Punkt. Die Ableitung bedarf der Maxwellschen Gleichungen, kommt aber andererseits in ihren ganzen Vorstellungen wieder mit den Grundanschauungen der Denkart dieser Theorie in Konflikt.

Schwierig ist ferner die Beantwortung der Frage nach dem Energieaustausch. Wir folgen hier der Darstellung von H. Poincaré. Planck sieht die Strahlung der festen Körper an als bedingt durch eine sehr große Anzahl von Hertzschen Oszillatoren. Jeder hat eine Eigenfrequenz und emittiert streng monochromatisches Licht. Infolge des Energieaustausches zwischen diesen Resonatoren stellt sich zwischen ihnen eine Energieverteilung her nach einem gewissen Gesetz, woraus eine bestimmte Verteilung der ausgestrahlten Energie im Spektrum resultiert. Das setzt die Möglichkeit eines Energieaustausches voraus, obwohl jeder Resonator nur Licht von bestimmter Farbe (Frequenz) emittieren und absorbieren kann. Denn fände dieser Austausch nicht statt, so bestände keine Tendenz zu einem Endzustand, die Anfangsverteilung hätte dauernden Bestand.

Möglich ist der Austausch auf zwei Weisen:

1. Durch Vermittelung des Äthers: Die Resonatoren sind in relativer Bewegung, wodurch nach dem Dopplerschen Prinzip ihre relative Frequenz sich ändert, oder sie sind Spiegelungen, Brechungen, Beugungen und Zerstreuungen ausgesetzt; auch dadurch können Änderungen der Frequenz und Austausch erfolgen.

2. Durch mechanische Phänomene, insonderheit den Zusammenstoß; hier würde nicht die direkte Wirkung der Resonatoren aufeinander in Frage kommen, sondern der Energieaustausch durch die materiellen Atome vermittelt werden.

Poincaré beschränkt sich auf die Behandlung des zweiten Falles. Er verspricht eine weitere Arbeit, die den ersten Fall in sich begreifen soll; doch ist die Erfüllung dieses Versprechens durch seinen im Juli 1911 erfolgten Tod leider hinfällig geworden.

Es steht indessen schon jetzt fest, daß das gleiche Verteilungsgesetz herauskommen muß, wenn an der Gültigkeit des zweiten Hauptsatzes der Thermodynamik festgehalten wird. Die Hypothese der Quanten oder der „sauts brusques“ ist aber auch nach Poincaré die einzige, die einwandfrei zu der Planckschen Formel führt. Man muß sie annehmen, so sehr sie auch von den üblichen Ideen abweicht, selbst auf die Gefahr hin, „die physikalischen Gesetze nicht mehr durch Differentialgleichungen ausdrücken zu können“.

Wir können die Schwierigkeiten der neuen Auffassung auch noch in anderer Weise kennzeichnen. Nach den gewöhnlichen Vorstellungen ist der Äther ein Kontinuum und besitzt als solches unendlich viele Freiheitsgrade. Demzufolge muß der Äther, wenn er mit einem ponderablen Körper im Gleichgewicht ist, sofern der Vorgang dem Hamiltonschen Prinzip gehorcht — und letzteres ist bekanntlich auf die Elektronentheorie ausdehnbar —, alle Energie aufnehmen; der ponderable Körper würde im Gleichgewicht die Temperatur 0 absolut annehmen und das ist offenbar unmöglich. Es ist also auf die Strahlung das Hamiltonsche Prinzip nicht anwendbar. Dies ist freilich kein Einwurf gegen die Plancksche Spezialhypothese, sondern er trifft jede Strahlungshypothese; im Gegenteil trägt Planck der Schwierigkeit insofern Rechnung, als er für den leeren materiefreien Raum die Maxwellschen Grundgleichungen bestehen läßt und nur dort, wo materielle Atomgebilde sind, den Schwellenwert der Emission annimmt. Auf die Modifikation seiner Theorie, die in der Beschränkung der Quantenhypothese auf die Emission und Verlassen derselben bei der Absorption besteht, kommen wir später zurück.

Viel radikaler geht A. Einstein vor, desgleichen J. Stark. Sie gehen beträchtlich über Planck hinaus und nehmen die Energieelemente nicht nur bei der Aufnahme und Abgabe durch die Resonatoren an, sondern schreiben ihnen auch selbständige Existenz im Äther zu.

Von den hierher gehörenden Erscheinungen beansprucht in erster Linie der photoelektrische Effekt unser Interesse. Wie Hallwachs zuerst beobachtete, entweichen aus hochpolierten Metallplatten bei Bestrahlung mit ultraviolettem Licht negative Elektronen von ganz bestimmter Geschwindigkeit. Nach Lenard und E. Ladenburg hängt diese Geschwindigkeit nur von der Frequenz, nicht von der Intensität des Lichtes ab; letztere hat nur Einfluß auf die Zahl der frei werdenden Elektronen. Nach Ladenburg ist der Hallwachseffekt unabhängig von der Temperatur, woraus zu folgern ist, daß der Vorgang kein rein chemischer ist, dessen Reaktionsgeschwindigkeit eine Temperaturfunktion sein müßte. Dem Lichte ist nur eine auslösende Rolle zuzuschreiben. Die Grundursache liegt tiefer und dürfte verwandt sein mit dem Prozeß, der die Ausschleuderung von Elektronen bei radioaktiven Substanzen bewirkt.

Verschieden von dieser Auffassung ist die Einsteinsche, daß die Energie der Elektronen direkt aus der des Lichtes stammt. Ein einzelnes Lichtquantum hat genügend Energie, ein Elektron aus dem Metallverbande zu befreien; auch schwaches Licht vermag den Elektronen die gleiche Geschwindigkeit zu verleihen; es vermindert sich mit der Zahl der Quanten nur die Zahl der Elektronen.

Auch die Größenordnung stimmt; setzt man mit Planck

$$h = 6,5 \,.\, 10^{-27},$$
$$r(\text{u. v.}) = 1,03 \,.\, 10^{+15} \quad (\text{u. v.} = \text{ultraviolett}),$$

so wird

$$r \,.\, h = 6,7 \,.\, 10^{-12}\,\text{erg}.$$

Nach Lenard beträgt die notwendige Energie beim Photoeffekt

$$3 \,.\, 10^{-13}\,\text{erg},$$

ist also erheblich kleiner als das Wirkungsquantum. Die Einsteinsche Lichtquantentheorie begegnet indessen erheblichen Schwierigkeiten. Die Interferenzerscheinungen bei hohen Gangunterschieden und die Beugungstheorie der optischen Instrumente liefern hier Einwände, die einstweilen nicht zu widerlegen sind.

Sonst hat die Einsteinsche Auffassung viel Bestrickendes, wie dies z. B. Lehmann in einem kürzlich in Karlsruhe gehaltenen Vortrage hervorhebt. Für die Abnahme der Strahlungsintensität mit der Entfernung von der Lichtquelle hätte man sich einfach ein Bild zu machen, derart, daß die Lichtzellen weiter auseinander rücken, während jede Zelle ihre Größe behält und somit auch die Dichte der in ihr enthaltenen elektrischen und magnetischen Energie ungeändert bleibt; die Lichtzellen werden von den Oszillatoren in den ätherfreien absolut leeren Raum hineingeschleudert, wie die Newtonschen Lichtpartikelchen der Emanationstheorie; auch könnte die Theorie verständlich machen, daß und wie man die Fixsterne trotz ihrer Entfernung mit dem Auge wahrnimmt.

Einen rein physiologischen Einwand gegen die Einsteinsche Hypothese erhebt H. A. Lorentz. Die Lichtquanten erweisen sich durchaus nicht als besonders klein, wenn man sie mit den Lichtmengen vergleicht, die durch unser Auge noch wahrgenommen werden können. Aus Messungen von v. Kries kann man folgern, daß grüne Strahlen, die nur kurze Zeit auf das Auge treffen, noch einen Lichteindruck hervorrufen können, wenn die Netzhaut im ganzen von 30 bis 60 Lichtquanten getroffen wird, während bei andauernder Bestrahlung die Lichtempfindung ungefähr 140 Lichtquanten pro Sekunde erfordert. Lorentz wirft die Frage auf, ob eine verhältnismäßig so kleine Anzahl von Einheiten genügen kann, um die Erscheinungen auf der Netzhaut, die doch ohne Zweifel von sehr verwickelter Art sind, hervorzubringen.

J. Stark hat wegen dieser Schwierigkeiten die Hypothesen wesentlich abgeändert. Seine wie die Hypothesen von Einstein haben nach H. A. Lorentz indessen einstweilen nur eine heuristische Bedeutung.

Eine überraschende Unterstützung kommt der Planckschen Hypothese von einer ganz anderen Seite, und zwar aus der Thermodynamik und deren Anwendungen auf die physikalische Chemie. Hier sind die Namen von Nernst und seinen Mitarbeitern, ferner von Einstein in erster Linie zu nennen.

In den beiden sogenannten Hauptsätzen der klassischen Wärmetheorie tritt in der Gleichung für die Energie bzw. die Entropie je eine additive Konstante auf. Im ersten Fall bietet sie keine erhebliche Schwierigkeit. Wir sind gewohnt, nur von Energieänderungen zu sprechen, ohne uns um den Anfangswert oder überhaupt einen bestimmten Zahlenwert derselben viel zu kümmern. Der erste Hauptsatz besagt: Die Summe der kinetischen und potentiellen Energie bleibt sich stets gleich; Arbeit kann nicht aus nichts entstehen; ein Perpetuum mobile ist unmöglich.

Anders liegt die Sache beim zweiten Hauptsatz, nach dem die Entropie beständig zunimmt, ohne in ihrer absoluten Größe bekannt zu sein. Es war daher ein immerhin überraschender Schluß, den Nernst 1906 zog, als er aus seinen Überlegungen heraus die von der klassischen

Thermodynamik in dem Ausdruck der Entropie noch unbestimmt gelassene Konstante auf eine sehr einfache Weise festlegte.

In der von Planck gegebenen Ausdrucksweise lautet das Nernstsche Wärmetheorem, das man gelegentlich auch als den dritten Hauptsatz der Thermodynamik bezeichnet: Die Entropie eines kondensierten, d. h. festen oder flüssigen chemisch einheitlichen Stoffes beim Nullpunkt der absoluten Temperatur besitzt den Wert 0.

Die Entropie eines kondensierten Körpers ist

$$S = \int \frac{C_p \, dT}{T},$$

wo C_p die spezifische Wärme bei konstantem Druck bedeutet. Die obere Grenze ist T, die untere nach Nernst Null, so daß der Ausdruck für die Entropie vollständig lautet

$$S = \int_0^T \frac{C_p \, dT}{T};$$

Nernst fordert $S_{(0)} = 0$.

Hieraus folgt vor allem, daß C_p für $T = 0$ verschwindet, eine weitreichende Forderung, die besagt, daß die Wärmekapazitäten mit abnehmender Temperatur gegen Null konvergieren, ein in neuester Zeit durch Messungen bestätigtes Ergebnis.

Ferner gestattet das Nernstsche Wärmetheorem, wenn die Umwandlungswärme r und die spezifischen Wärmen C_p' und C_p in ihrer Abhängigkeit von der Temperatur bekannt sind, die Schmelztemperatur bzw. die Umwandlungstemperatur des Körpers zu berechnen aus der Gleichung

$$r - T \int_0^T \frac{C_p' - C_p}{T} \, dT = 0.$$

Es ließen sich noch weitere Beispiele für die Fruchtbarkeit dieses Theorems anführen.

Die tiefe Bedeutung der Nernstschen Annahme über die Entropie läßt sich nur verstehen, wenn wir wiederum in gleicher Weise wie oben die Entropie als Wahrscheinlichkeit betrachten. „Die in der klassischen Thermodynamik unbestimmt gelassene additive Konstante entspricht — vom atomistischen Standpunkt aus betrachtet — der Unbestimmtheit der für die Berechnung der Entropie benutzten Elementargebiete der Wahrscheinlichkeit, und da das Nernstsche Wärmetheorem den Wert dieser Konstanten eindeutig festlegt, so ist der physikalische Inhalt des Nernstschen Wärmetheorems, ganz allgemein gesprochen, dieser, daß die Elementargebiete der Wahrscheinlichkeit nicht beliebig klein sind, sondern eine ganz bestimmte, in vielen Fällen direkt angebbare Größe besitzen"[6]).

Es findet sich also auch hier die Notwendigkeit der Einführung von Diskontinuitäten und wie in der Strahlungstheorie die Existenz ganz bestimmter Elementargebiete der Wahrscheinlichkeit.

Die nunmehr naheliegende Ausdehnung der Anwendung des elementaren Wirkungsquantums auf die theoretische Chemie hat nun eine Reihe überraschender Erfolge gezeitigt. Die diesbezüglichen Arbeiten von Nernst und Lindemann, Einstein, Born und v. Karmán und Haber seien hier kurz besprochen.

Folgendes ist im wesentlichen der Inhalt der Arbeit von Nernst. Die Anwendung der Prinzipien der kinetischen Theorie und speziell der statistischen Mechanik auf die spezifischen Wärmen hatte zu starken Widersprüchen mit der Erfahrung geführt, und erst durch die Lehre von den Energiequanten, die Planck aufgestellt hat und Einstein verallgemeinert hat, scheint eine widerspruchsfreie Darstellung des Energieinhaltes der Körper, d. h. des Ausdruckes

$$\int_0^T C_v\, dT$$

ermöglicht. Die älteren Auffassungen von Maxwell und Boltzmann vermochten zwar bereits die Erklärung für das Gesetz von Dulong und Petit (Gleichheit der Atomwärme für feste Körper) und der Erweiterung desselben (Gesetz von Kopp-Neumann) zu geben, versagten aber für die Erklärung der Abweichung bei tiefen Temperaturen und in Spezialfällen (Diamant).

[6]) Planck, Phys. Ztschr. **13**, 173, 1912.

Fig. 20.

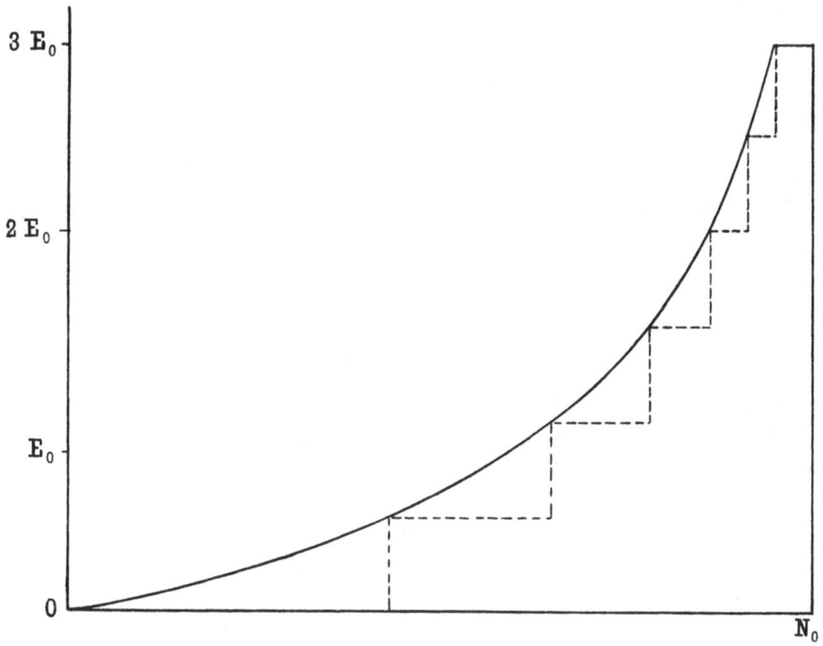

Der Mangel liegt offenbar nicht an der kinetischen Gastheorie. Vielmehr treten die Schwierigkeiten offenbar immer dann auf, wenn es sich um die Betrachtung der Schwingungen von Atomen um ihre Ruhelage handelt; dies ist ja in der Tat der Fall bei den Vorgängen, die Planck zu einer durchgreifenden Veränderung der Auffassung geführt haben.

Nebenstehende Figur gibt ein Bild von der Energieverteilung. Die Geschwindigkeiten der Atome eines Grammatoms in einem beliebigen Zeitmoment nach ihrer absoluten Größe geordnet, seien als Abszissen, die dazu gehörigen Energiewerte als Ordinaten aufgetragen in gleichen Abständen.

Einige Atome haben eine verschwindend kleine Geschwindigkeit, dann folgt eine große Anzahl von Atomen mit einer der mittleren Geschwindigkeit nahekommenden, und schließlich folgen einige wenige Atome mit einer sehr großen Geschwindigkeit.

Eine derartige Geschwindigkeitsverteilung gilt nur unter der Annahme, daß die Energie eines Atoms stetig veränderlich ist. Unter der Voraussetzung, daß der Energiezuwachs oder Verlust gleich dem Energiequantum sei

$$\varepsilon = hr = \frac{R}{N_0}\beta r,$$

ist das Verteilungsgesetz offenbar durch die unter der Kurve gezeichnete treppenförmige Linie gegeben. Die gesamte Energie W eines Grammatoms wird nach Einstein

$$W = 3R\frac{\beta r}{e^{\beta r/T} - 1},$$

woraus durch Differentiation nach der Temperatur sich die „spezifische Wärme" pro Grammäquivalent zu

$$C_p = \frac{dW}{dT} = \frac{3Re^{\beta r/T} \cdot \left(\frac{\beta r}{T}\right)^2}{\left(e^{\frac{\beta r}{T}} - 1\right)^2}$$

ergibt, wo $3R = 5,94$ ist.

Die ältere Theorie, die den Energieinhalt

$$E_r = RT/N_0$$

setzt, führt, kombiniert mit dem bekannten Planckschen Ausdruck für die Beziehung zwischen der mittleren Energie des Atoms und der Dichte ρ_r der schwarzen Strahlung

$$E_r = \frac{C^3 \rho_r}{8\pi r^2},$$

zu der Formel von Rayleigh

$$\rho_r = \frac{R}{N_0}\frac{8\pi r^2}{C^3}T.$$

Dieser kommt bekanntlich nur die Bedeutung eines Grenzgesetzes für große Werte von T/r zu. Der Einsteinsche Wert für E_r

$$E_r = \frac{R}{N_0} \frac{\beta r}{e^{\frac{\beta r}{T}} - 1}$$

gibt, kombiniert mit dem gleichen Ausdruck, die Plancksche Strahlungsformel

$$\rho_r = \frac{R}{N_0} \cdot \frac{8\pi r^3}{C^3} \frac{\beta}{e^{\frac{\beta r}{T}} - 1}.$$

Ferner liefert die ältere Theorie den Energieinhalt der fortschreitenden Bewegung des Moleküls; dieser beträgt nach jeder Richtung der drei Raumachsen $\frac{RT}{2}$; für jeden Freiheitsgrad ist die mittlere Energie eines Atoms $\frac{1}{2} \,.\, 13,46 \,.\, 10^{-24} T$ Joule, also für den festen Körper, da bei diesem die Atome drei kinetische und drei potentielle, also im ganzen sechs Freiheitsgrade besitzen, das Sechsfache dieses Betrages, also pro Kilogrammatom

$$6/2 \,.\, 8319 \text{ Joule/Grad} = \frac{3 \,.\, 8319}{4189} = 5,96 \text{ Cal/Grad}.$$

Bei konstantem Volumen wird die Molekularwärme $3/2R$ oder $2,98$; danach ist $3R = 5,96$ eine universelle Konstante, was nichts anderes ist, als der Ausdruck des Gesetzes von Dulong und Petit, in Worten: „Die Atomwärme ist für alle festen Körper gleich“. Die neue Theorie trägt auch den Abweichungen Rechnung. Außer denen, die die Metalloide zeigen, weist bekanntlich der Diamant die stärkste Abweichung von obigem Gesetz auf. Sie sind also zurückzuführen auf hohe Frequenz und ein demgemäß langsam erfolgendes Ansteigen der spezifischen Wärme mit der Temperatur. Die kritische Größe ist also die Atomfrequenz und wir kommen jetzt zu der Frage, wie über diese Größe Aufschlüsse zu gewinnen sind.

Einen Weg zur annähernden Bestimmung dieser Größe der Schwingungszahl gibt Lindemann an, der sich auf Veranlassung von Nernst mit dieser Frage befaßt hat. Wie schon oben erwähnt, macht er die Annahme, daß der Schmelzpunkt durch die Temperatur bedingt wird, bei welcher die Elongationen der Atome bei ihren Schwingungen um die Ruhelage kommensurabel mit ihrem Abstand werden.

Sei r_0 die Elongation beim Punkte T_s, so ist

$$U = 2\pi r_0 r, \text{ also } mU^2 = m4\pi^2 r_0^2 r^2,$$

dies ist nach Einstein auch

$$mU^2 = \frac{3R}{N_0} \frac{\beta_r}{e^{\frac{\beta r}{T_s}} - 1}.$$

Wird $\beta r/T$ klein gegen 1, was bei der relativ hohen Temperatur des Schmelzpunktes meist erfüllt ist, so wird

$$mU^2 = \frac{3R}{N_0} T_s$$

oder

$$4\pi^2 m r_0^2 r^2 = \frac{3R}{N_0} T_s,$$

also r proportional $\sqrt{\frac{T_s}{mr_0^2}}$; r_0 ist proportional $V^{1/3}$, wo V das Atomvolumen des festen Körpers ist, also wird

$$r \text{ prop. } \sqrt{\frac{T_s}{mV^{2/3}}}.$$

Lindemann hat so für Bi, Pb, Pt, Ag, Zn, Mg, Cu, Al, Cr, J, S, Si, Graphit, Diamant das zugehörige r berechnet und eine sehr befriedigende Übereinstimmung mit den Werten gefunden, die sich aus den Abweichungen vom Dulong-Petitschen Gesetz für diese Körper ergeben.

Auf Grund der Quantentheorie ist also das Dulong-Petitsche Gesetz, das solange rätselhaft blieb, wenigstens in großen Zügen aufgeklärt.

Fig. 21.

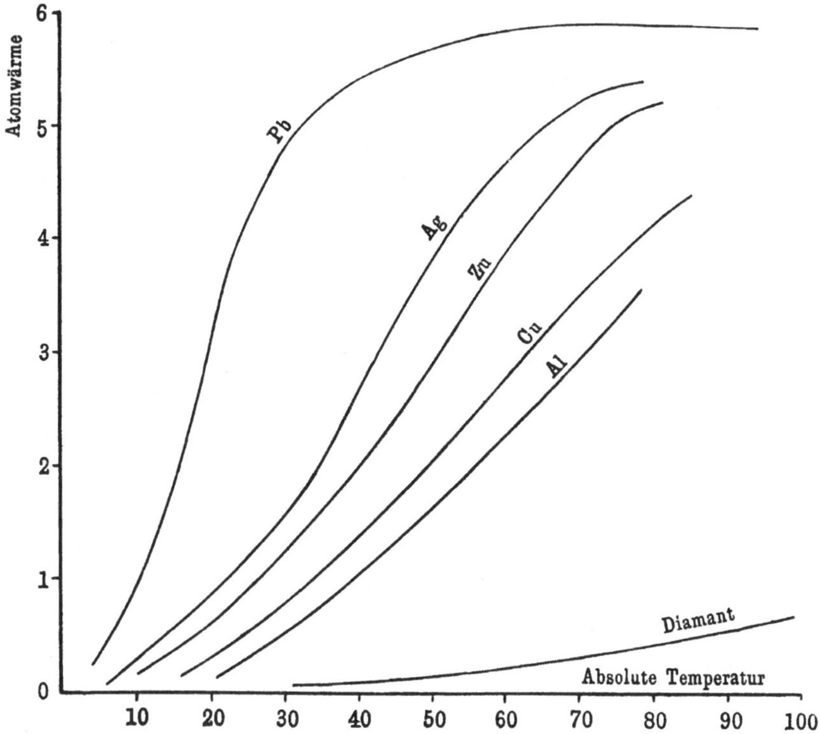

Zahlenmäßig liegt der Fall so, daß, wenn $T/\beta_r > 0,9$ ist, sich die Atomwärme dem normalen Wert 5,96 nähert; ist aber $T/\beta_r < 0,1$, so ist die Atomwärme sehr klein, was auch verständlich macht, daß die Aufnahme oder Abgabe von Elektronen durch ein Molekül, wenn r sehr groß ist, die Molekularwärme nicht merklich ändert.

Experimentelle Untersuchungen von Nernst und Eucken über die spezifische Wärme bei sehr tiefen Temperaturen zeigen eine gute Bestätigung der Theorie, speziell der aus ihr resultierenden Forderung, daß C_p nach 0 konvergiert für $T = 0$, was, wie oben angeführt, aus dem Nernstschen Wärmetheorem folgt. Beigefügte Figur gibt ein Bild des Verlaufes der Kurven.

Der obere Grenzwert ist 5,95, der untere 0. Das Material dieser Kurven gestattet übrigens eine weit schärfere Nachprüfung der Lindemannschen Formel. Die Tabelle, die Nernst gibt, zeigt dies.

	Ältere Werte	Neuere Werte	Nach Lindemann
Pb	$1,2 \,.\, 10^{12}$	$1,44 \,.\, 10^{12}$	$1,4 \,.\, 10^{12}$
Ag	$3,3 \,.\, 10^{12}$	$3,3 \;\,.\, 10^{12}$	$3,3 \,.\, 10^{12}$
Zn	$3,7 \,.\, 10^{12}$	$3,6 \;\,.\, 10^{12}$	$3,3 \,.\, 10^{12}$
Cu	$3,3 \,.\, 10^{12}$	$4,93 \,.\, 10^{12}$	$5,1 \,.\, 10^{12}$
Al	$6,8 \,.\, 10^{12}$	$5,96 \,.\, 10^{12}$	$5,8 \,.\, 10^{12}$
J	$2,7 \,.\, 10^{12}$	$1,5 \;\,.\, 10^{12}$	$1,4 \,.\, 10^{12}$

Nernst äußert sich am Schluß der besprochenen Arbeit dahin, daß niemand das obige Diagramm betrachten kann, ohne von der gewaltigen Kraft der Quantentheorie, die uns alles Wesentliche sofort verständlich macht, überzeugt zu werden. Für uns ist es kaum weniger wichtig, was er nur nebenbei erwähnt, daß auch das Nernstsche Wärmetheorem darin eine glänzende Bestätigung findet.

In einer neueren Mitteilung hat Nernst zusammen mit F. A. Lindemann eine neue Formel angegeben, die nicht nur den Verlauf der spezifischen Wärme vollkommen wiedergibt, sondern auch eine Übereinstimmung zwischen den aus ihr berechneten Frequenzen und den tatsächlich beobachteten optisch gemessenen Schwingungszahlen, soweit dies kontrollierbar ist. Diese Formel kommt mit denselben Konstanten aus, wie die von Einstein aus der Quantentheorie abgeleitete Formel (s. oben).

Die durch Probieren gefundene Formel lautet:

$$C_v = \tfrac{3}{2} R \left\{ \frac{\delta^2 e^\delta}{(e^\delta - 1)^2} + \frac{(\delta/2)^2 e^{\delta/2}}{(e^{\delta/2} - 1)^2} \right\}, \text{ wo } \delta = \frac{\beta r}{T} \text{ ist.}$$

Die Übereinstimmung der aus dieser Formel berechneten Werte für r mit den Werten aus der Lindemannschen Formel ist sehr befriedigend.

Auch eine theoretische Deutung der Formel liefern Nernst und Lindemann. Sie nehmen an, daß bei tiefen Temperaturen die kinetische und die potentielle Energie nicht einander gleich sind, und daß die zwei Glieder der neuen Gleichung und der älteren von Einstein den Energieinhalt teilen; bei höheren Temperaturen werden beide Glieder einander gleich, im Einklang mit der bekannten Folgerung, daß hier die Quantentheorie in die gewöhnliche Theorie übergeht. Nach Nernst sind die wichtigen Folgerungen für diese festen Körper die, daß bei sehr tiefen Temperaturen die Atome keine Schwingungen ausführen, sondern lediglich eine Ablenkung aus der Ruhelage erfahren; die Aufnahme der in diesen Ablenkungen aufgespeicherten Energie würde in halben Quanten erfolgen. Erst bei höheren Temperaturen würde die kinetische Energie in merklicher Menge in ganzen Quanten aufgenommen werden. Bei noch höheren Temperaturen, bei denen im allgemeinen jedes Atom bereits mehrere Quanten von kinetischer und potentieller Energie besitzt, würde sich dann ein Zustand herstellen, wie ihn die gewöhnliche statistische Mechanik bisher voraussetzte, d. h. es würde hier potentielle und kinetische Energie gleich werden und es würde ferner das Gesetz von Dulong und Petit gelten. Die Formel von Nernst und Lindemann liefert gleichzeitig

1. die Möglichkeit einer einfachen Ableitung der Planckschen Strahlungsformel,

2. den Anschluß an den experimentell festgelegten Verlauf der Atomwärme,

3. die Möglichkeit, spezifische Wärmen von festen Körpern und Gasen aus optischen Daten zu berechnen.

Auch von anderer Seite hat die Einsteinsche Gleichung eine Modifikation erfahren. Gegen Einsteins Auffassung, daß jedem Elementargebilde mit drei Freiheitsgraden und der Frequenz v (nach Planck) die mittlere Energie

$$\frac{3R}{N}\frac{\beta r}{e^{\beta r/T}-1}$$

zukommt, und da N von r unabhängig ist, somit jede Schwingungszahl zur Energie eines Grammoleküls den Betrag

$$3R\frac{\beta r}{e^{\beta r/T}-1}$$

beiträgt, die Gesamtenergie also

$$E = 3R\sum\frac{\beta r}{e^{\beta r/T}-1}$$

beträgt, machen Born und v. Karmán den Einwand, daß die Annahme einer Anzahl voneinander unabhängig schwingender Gebilde nicht erlaubt sei und noch viel weniger die Voraussetzung, daß die Anzahl der Gebilde jeder Frequenz gleich groß ist. Born und v. Karmán machen im Sinne der Einsteinschen Theorie die Annahme, daß einer jeden Normalschwingung bei einer Temperatur T des Körpers die Energie zukommt, die ein Planckscher Resonator bei der Temperatur T besitzt, nämlich

$$f(r) = \frac{\frac{R}{N}\beta r}{e^{\beta r/T}-1};$$

an Stelle obigen Ausdruckes von Einstein tritt der Term

$$E = R\frac{\beta r_0}{2\pi}\int_0^{2\pi}\frac{\sin\phi/2\,d\phi}{e^{\frac{\beta r_0}{T}\sin\phi/2}-1}$$

und die spezifische Wärme wird

$$C = \frac{dE}{dT} = 3R\frac{3}{(2\pi)^3}\int_0^{2\pi}\frac{\left(\frac{\beta r_0}{T}\right)^2\sin^2\frac{\omega}{2}e^{\frac{\beta r_0}{T}\sin\omega/2}\,.\,\omega^2\,d\omega}{\left(e^{\frac{\beta r_0}{T}\sin\frac{\omega}{2}}-1\right)^2}.$$

Dieser Ausdruck hat mit dem von Einstein gemeinsam die Konvergenz, gegen 0 mit abnehmendem T und bei großem T sich dem Wert des Gesetzes von Dulong und Petit zu nähern (5, 95). Der Unterschied ist der, daß keine Eigenfrequenz ausgezeichnet ist, sondern alle

Frequenzen des Spektrums in dem durch die Anzahl der Freiheitsgrade vorgeschriebenen Maße berücksichtigt sind.

Nach Born und v. Karmân ist das ganze Problem der spezifischen Wärme doch wesentlich verwickelter, als man es nach der ersten qualitativen Übereinstimmung der Einsteinschen Formel erwartet hatte; es ergibt sich keine universelle Funktion, sondern es gehen die molekulare Struktur und die molekularen Kräfte auch in die Temperaturabhängigkeit der spezifischen Wärme ein.

Es fragt sich somit, ob die Tatsache, daß man für die Theorie der spezifischen Wärmen mit der einfachen Planckschen Formel der Energieverteilung auskommt, als eine Bestätigung der Quantenhypothese selbst anzusprechen ist. In dieser Richtung kann man gewisse Bedenken nicht unterdrücken. Schwierigkeiten macht die Übertragung des bei isolierten Resonatoren verständlichen Energiequants auf die Schwingungen eines zusammenhängenden Systems. Neuerdings hat Haber Beziehungen aufgestellt zwischen der Reaktionswärme bei chemischen Prozessen und den Elektronenfrequenzen, die sich aus dem selektiven photoelektrischen Effekt ergeben. Bekanntlich hat Haber zusammen mit Just den sogenannten „Reaktionseffekt“ gefunden, d. h. die Elektronenemission bei der Reaktion aktiver Gase auf Kalium-Natrium, Rubidium, Cäsium. Er verknüpft das Plancksche Wirkungsquantum hr mit der chemischen Energie. Allgemein gilt die Beziehung

$$\frac{O}{h} = \Sigma_r \text{ entstehend}, \quad -\Sigma_r \text{ verschwindend.}$$

Ein Elektron von der Frequenz $7 \,.\, 10^{14}$ verlangt nach der Quantentheorie $4,5 \,.\, 10^{-12}$ erg als Mitgabe auf den Weg, wenn es das Atom, dessen Verband es angehört, verlassen soll, um in den Raum abzufliegen. Diese Energie könnte nun ebensogut wie durch Bestrahlung der Atome mit Licht von entsprechender Wellenlänge, auch durch Reaktion des Atoms mit einem chemisch verschiedenen anderen Atom geliefert werden. Der „Reaktionseffekt“ ist demnach dann zu erwarten, wenn die Energieänderung bei der Reaktion, bezogen auf das einzelne Molekül der entstehenden Verbindung, das Produkt aus der Planckschen Konstante h und der Eigenfrequenz des ausgeglichenen Elektrons erreicht oder übersteigt. Dieser Schluß bestätigt sich bei den Hauptfällen, bei denen die Reaktion von nachweislicher Elektronenemission begleitet ist, vollkommen, wenn man die Wärmetönung der Reaktion als Maß der Energieänderung benutzt. Vom Standpunkt der Quantentheorie aus läßt sich also die beobachtete Elektronenemission bei unseren Reaktionen darauf zurückführen, daß zwei Bedingungen gleichzeitig erfüllt sind; erstens: einer der Reaktionsteilnehmer besitzt ein Elektron von genügend kleiner Frequenz, und zweitens: der andere ist so gewählt, daß die Reaktionsenergie ausreicht, um dem Elektron beim Abfliegen ein Quant mit auf den Weg zu geben. Bei niedriger Temperatur sind diese beiden Bedingungen nur selten erfüllt, darum ist das Verdienst, die besonderen Bedingungen und die wirksamen Stoffe erdacht zu haben, besonders hervorzuheben.

Als weitere Konsequenz der Überlegungen von Haber folgt eine Beziehung zwischen den Frequenzen im Violett und im Rot von der Form:

$$\lambda \text{ viol. } 42,81\sqrt{M} = \lambda \text{ rot.}$$

Obwohl die experimentellen Unterlagen vielfach nicht die volle, für die Rechnung nötige Genauigkeit haben dürften, scheinen sie nach Haber dennoch mehr als eine zufällige Übereinstimmung zu bekunden, so daß im Sinne seiner Ausgangsüberlegungen (bzw. deren auf die Originalarbeit verwiesen sei) die Beziehung der Planckschen Naturkonstante zur Wärmetönung der Reaktion und der bei der Elektronenemission (Reaktionseffekt) beobachtete Zusammenhang eine Stütze gewinnen.

Bei der fundamentalen Bedeutung der neuen Theorie der Strahlung liegt die Frage nahe, wie sie sich zu einer anderen prinzipiellen Neuerung der theoretischen Physik, dem Relativitätsprinzip von Einstein stellt.

Letzteres sagt bekanntlich aus, daß die Naturphänomene an sich nicht ermöglichen, eine absolute Bewegung eines bevorzugten Systems zu erkennen, oder mathematisch ausgedrückt, daß die Gleichungen auf ein bewegtes System transformiert Invarianten sind. Aus diesem Postulat, zu dem noch die Forderung der Unveränderlichkeit der Lichtgeschwindigkeit hinzutritt, folgt die berühmte Einsteinsche Kinematik, die Kontraktion einer bewegten Länge um

$$l\left[1-\sqrt{1-\beta^2}\right],$$

wo β das Verhältnis der Bewegungsgeschwindigkeit zur Lichtgeschwindigkeit ist und die Veränderung der Zeit für eine bewegte Uhr

$$\frac{1}{\sqrt{1-\beta^2}}$$

Kontraktionen, die bekanntlich schon früher auf anderem Wege von H. A. Lorentz und Fitzgerald zur Deutung des negativen Resultates des Versuches von Morley und Michelson abgeleitet waren.

Aus der Theorie der Strahlung läßt sich ableiten, daß auch die Temperatur, nicht aber die Entropie zu den nach dem Relativitätsprinzip veränderlichen Größen gehört, und zwar ist

$$\frac{T}{T_0}=\sqrt{1-\beta^2},$$

d. h. von einem ruhenden Punkte aus erscheint die Temperatur eines bewegten Körpers im Vergleich zur Ruhe im Verhältnis $\sqrt{1-\beta^2}:1$ verkleinert.

Endlich sei noch die Anwendung der Quantenhypothese auf den lichtelektrischen Effekt gedacht nach dem Vorgange von Sommerfeld. Der lichtelektrische Effekt ist mit dem Haberschen Reaktionseffekt wohl verwandt, doch prinzipiell verschieden. Nach der Lenardschen Auffassung wird ja bei ersterem die Energie aus dem Atom entnommen und der Effekt als ein Resonanzphänomen aufgefaßt, doch ist nach der neueren Ansicht, speziell der Einsteinschen Lichtquantenhypothese die auffallende Strahlung die Quelle der Energie. Kurz gesagt, ist der Vorgang nach Lenard ein Resonanzphänomen, bei dem das an das Atom quasi elastisch gebundene Elektron ebenso reagiert wie z. B. in der Dispersionstheorie; nach Einstein hat man sich seine Energie aus der auffallenden Strahlung entnommen zu denken, also fundamental verschieden vom Reaktionseffekt, wo lediglich die Energie der Komponenten zur Geltung kommt. Sommerfeld und Debije führen den Begriff der „Akkumulationszeit“ ein, während der die Strahlung gewirkt haben muß, um die nötige Energie anzuhäufen; erst nach dieser Zeit wird das Elektron aus dem Atomverbande befreit.

Die Energie ist von derjenigen Größe, wie solche Lenard beobachtet hat, und wie sie durch das Einsteinsche Gesetz gefordert wird. Die Bewegungsgleichung des Elektrons lautet:

$$m\ddot{x} + fx = e\mathfrak{E}.$$

$$T = \frac{m}{2}\dot{x}^2$$

ist die kinetische Energie.

$$U = \frac{f}{2}x^2$$

ist die potentielle Energie.

Nach Sommerfeld und Debije wird das Elektron dann frei, wenn das Wirkungsintegral

$$W = \int_0^\tau (T - U)\,dt = h/2\pi$$

geworden ist.

Die Rechnung liefert

$$W = \int_0^\tau \left(\frac{m}{2}\dot{x}^2 - \frac{f}{2}x^2\right) dt = \frac{m}{2}x\dot{x} - \frac{1}{2}\int_0^\tau x(m\ddot{x} + fx)\,dt$$

oder mit Rücksicht auf die Bewegungsgleichung

$$W = \frac{m}{2}x\dot{x} - \frac{e}{2}\int_0^\tau x\mathfrak{E}\,dt.$$

Der erste Term ist gleich der kinetischen Energie T des Elektrons, geteilt durch seine Eigenfrequenz, der zweite Term, das Zeitvirial, verschwindet im Falle der vollkommenen Resonanz. Danach ist

$$W = \frac{h}{2\pi} = T/n_0 \quad \text{oder} \quad T = h\nu_0,$$

da $n_0 = 2\pi\nu_0$ ist.

Dies ist das Einsteinsche Gesetz. Im Falle unvollkommener Resonanz sind zwei Fälle zu unterscheiden:

$$n > n_0,$$
$$n < n_0.$$

Im ersteren Falle kommt es zu einer lichtelektrischen Emission, im zweiten Falle nicht, beide Aussagen stehen in Analogie zur Stokesschen Regel.

Auch eine Deutung der Röntgenstrahlen im Sinne der Quantenhypothese haben wir bereits besprochen.

Zum Schlusse unserer heutigen Betrachtungen sei noch kurz hingewiesen auf die fundamentalen Ergebnisse der Arbeiten von P. Weiss über den Magnetismus. Auch bei diesem treten bestimmte Energiequanten auf, aber solche von unveränderlicher Größe, die Magnetonen, die für den Magnetismus etwa das sind, was die Elektronen für die Elektrizität. Sie verhalten sich wie kleine Magnetchen von molekularen Dimensionen, haben also das Bestreben, sich parallel zu richten, doch werden sie hierin, wie Langevin in Paris gezeigt hat, durch die Wärmeschwingungen der Moleküle beständig gestört. Völlige Parallelrichtung tritt deshalb nur bei homogenen Kristallen und auch bei diesen nur beim absoluten Nullpunkt ein. Ein solcher Kristall verhält sich dann, obschon er nicht magnetisiert wurde, als Magnet. Mit steigender Temperatur wird sein Magnetismus infolge der zunehmenden Unordnung unter den Magnetonen schwächer, bis schließlich ein Punkt kommt, der Curiesche Punkt, wo die Parallelstellung und damit das Auftreten von nachweisbarem Magnetismus überhaupt unmöglich wird.

Nach Weiss nimmt jedes Atom immer nur eine ganz bestimmte Zahl der Magnetonen auf. Astatische Systeme der Magnetonen müssen zur Erklärung der von O. Lehmann entdeckten flüssigen Kristalle herangezogen werden. Nach der älteren Auffassung konnte es nur feste Kristalle geben. Untersuchungen mit dem Kristallisationsmikroskop führten Lehmann zu der Entdeckung, daß ölsaures Ammonium, obwohl es flüssig ist, die Eigenschaften eines Kristalles besitzt. Noch schöner gelingt der Beweis bei p-Azooxybenzoesäureäthylester. Zwischen den Molekülen besteht eine Gestaltungskraft. Aus der Lehmannschen Entdeckung lassen sich sehr wichtige Schlüsse für die Molekularphysik ableiten, insbesondere geht aus ihnen hervor, daß die alte Annahme, die Moleküle eines Stoffes seien im festen, flüssigen und gasförmigen Zustande dieselben (Identitätstheorie), nicht richtig sein kann. Endlich noch wenige Worte über

Plancks modifizierte Strahlungstheorie.

Es war bereits erwähnt, daß die Verträglichkeit mit den Maxwellschen Anschauungen der Elektrodynamik ein besonders schwieriger Punkt der Planckschen Energiequantentheorie war und wohl auch noch ist. Dort setzten zuerst die Angriffe ein und zwangen ja auch Stark und Einstein, indem sie die diskontinuierliche Struktur der Energie auch im Äther annahmen, zu einer prinzipiellen Aufgabe der elektrodynamischen Grundgleichungen. Diesem radikalen Standpunkt gegenüber legte sich Planck selber, wohl aber mit Recht, die Frage vor, ob nicht eine Überbrückung möglich erscheine, etwa derart, daß man an der Gültigkeit der Maxwellschen Gleichungen im Äther unbedingt festhält und die Diskontinuitäten der Energieverteilung als eine besondere Eigenschaft der in der Materie eingebetteten Resonatoren auffaßt, so etwa, daß diese nur in der Lage wären, entweder Energie von der Größe $1, 2, 3 \ldots$ Quanten zu absorbieren oder zu emittieren. In seinen ersten Publikationen hatte Planck sich — ohne nähere Begründung — in der Tat den Resonator als ein quantenhaft absorbierendes Gebilde vorgestellt, hatte also dem Resonator eine gewisse „Reizschwelle“ zugeordnet, so daß er nur, wenn der auffallende Energiebetrag diesen Reizwert gerade erreicht, dann plötzlich den ganzen Reizwert der Energie absorbiert. Führte nun diese Vorstellung, wie wir sahen, zur Ableitung eines richtigen Strahlungsgesetzes, so boten sich bei näherem Eingehen auf dieselbe doch Schwierigkeiten dar, sich einen solchen quantenhaft absorbierenden Mechanismus vorzustellen. Einmal ist offenbar eine solche Absorption nur in einer bestimmten endlichen Zeit denkbar, da doch eine solche vergehen muß, bis sich am Ort des Resonators ein Energiequantum ansammelt, und zweitens ließ sich auch aus den Maxwellschen Gleichungen für den reinen Äther nicht angeben, was in dieser Akkumulationszeit die sich an der Stelle des Resonators ausmachende Energie, die kleiner ist als ein Quantum, tut, wie sie sich verteilt usw. Da sie nach den Maxwellschen Vorstellungen nur absorbiert, reflektiert oder durch den Resonator gebeugt oder ungebeugt hindurchgehen konnte, alles das aber nicht durfte, sondern sich gleichsam an einer Stelle anhäufen mußte, so führte die Absorptionsvorstellung Plancks zu einem Widerspruch mit der für den Äther doch stabilierten Gültigkeit der Maxwellschen Gleichungen. Außerdem mußte die Akkumulationszeit bei schwacher Strahlung, da die Quanten ja mit r wachsen bei gleichmäßig schwacher Strahlung, für die einzelnen r verschieden sein, also für die kleinen Wellenlängen, für die ja in den gewöhnlichen Lichtquellen auch die Intensität stark sinkt, sehr groß werden. Es wäre daher eventuell denkbar, die Strahlung so abzuschneiden, daß die kleineren Wellenlängen noch nicht absorbiert werden konnten, das Strahlungsgleichgewicht also auch noch nicht eingestellt wäre, eine ganz unmögliche Folgerung, die vor allem der Auffassung der schwarzen Strahlung als thermischer Gleichgewichtsstrahlung absolut widerspricht. Durch ähnliche Überlegungen veranlaßt, modifizierte Planck seinen Standpunkt nun dahin, daß die Absorption stetig, dagegen die Emission quantenhaft verläuft. Es ist ohne weiteres klar, daß, da wir über die Vorgänge im Inneren des Resonators gar nicht unterrichtet sind, diese Hypothese von den erwähnten Schwierigkeiten frei und mit der Gültigkeit der Maxwellschen Gleichungen im Äther vereinbar ist. Wie modifiziert diese Hypothese nun aber die Strahlungsformel? Die Ableitung ist ähnlich wie im ersten Falle, nur kann man natürlich an irgend einer Stelle nicht die im Zeitelement dt absorbierte Energie gleich der emittierten setzen, da ja die eine stetig, die andere unstetig ist.

Wohl aber kann man diese Gleichung für die in größeren Zeiträumen absorbierten und emittierten Mittelwerte dieser Energie festhalten. Führt man diesen Gedankengang näher aus, so erhält man für die räumliche Dichte ρ_r der absorbierten Strahlung

$$\rho_r = \frac{8\pi r^2}{c^3}\left(\bar{U} - \frac{hr}{2}\right),$$

wo $\overline{U}$ die mittlere Schwingungsenergie des Oszillators ist. Nach der alten Absorptionstheorie war dieser Zusammenhang zwischen räumlicher Dichte der absorbierten Strahlung und emittierten Gesamtenergie des Resonators gegeben durch

$$\rho_r = \frac{8\pi r^2 \, . \, U}{c^3} \quad (c = \text{Lichtgeschwindigkeit}).$$

Die Gedankengänge, die zur Einführung der Temperatur in diese Gleichung führen, d. h. mit anderen Worten die Wahrscheinlichkeitsbetrachtungen, die die Entropie des Resonators als Funktion seiner mittleren Energie $\bar{U}$ ausdrücken, bleiben ziemlich unverändert und ergeben als Entropie

$$S = k\left\{\left(\frac{\bar{U}}{hr} + \frac{1}{2}\right) l_n \left(\frac{\bar{U}}{hr} + \frac{1}{2}\right) - \left(\frac{\bar{U}}{hr} - \frac{1}{2}\right) l_n \left(\frac{\bar{U}}{hr} - \frac{1}{2}\right)\right\}.$$

Führt man dies in die thermodynamische bekannte Gleichung

$$\frac{1}{T} = \frac{dS}{dU}$$

ein, so ergibt sich für die Energie des Oszillators

$$\bar{U} = \frac{hr}{2} \frac{e^{\frac{hr}{xT}} + 1}{e^{\frac{hr}{xT}} - 1}$$

ein Wert, der von dem entsprechenden der ersten Theorie nur um das additive Glied $\frac{hr}{2}$ verschieden ist. Also wie die obige Formel ⊕ zeigt, ist das Gesetz der schwarzen Strahlung in dieser neuen Auffassung unverändert geblieben. Die neue Auffassung modifiziert nur den Wert der Schwingungsenergie eines Oszillators, die nach ihr auch beim absoluten Nullpunkt nicht verschwindet. Natürlich ist eine experimentelle Entscheidung bei dieser Größe unmöglich.

Wenn auch die Modifikation die Schwierigkeiten der Planckschen Hypothese herabmindert, so läßt sie doch die Hauptschwierigkeit, nämlich die Frage, wie ein solcher Resonator mit einem Schwellenwert der

Emission gebaut sein müßte, bestehen. Doch kann man die Unmöglichkeit eines solchen a priori auch nicht behaupten.

Allen Schwierigkeiten zum Trotz ist die neue Entwickelung der Thermodynamik von größtem Erfolge begleitet. Schon der kurze Überblick, den ich in meinem Vortrage geben konnte, läßt die ungeheure Tragweite der neuen Ideen erkennen.

Namenregister.

Sachregister.

9 789356 903982

Printed at Repro India Ltd.